奔跑吧，动物

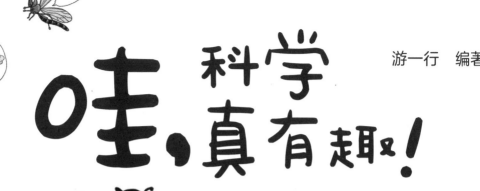

哇，科学真有趣！

游一行 编著

奔跑吧，动物

酷爆了！ 动物生长大闯关！

石油工业出版社

图书在版编目（CIP）数据

奔跑吧，动物 / 游一行编著. --北京：石油工业
出版社，2021.3
（哇，科学真有趣）
ISBN 978-7-5183-4374-4

Ⅰ．①奔… Ⅱ．①游… Ⅲ．①动物—少年读物
Ⅳ．①Q95-49

中国版本图书馆CIP数据核字（2020）第244884号

奔跑吧，动物

游一行　编著

出版发行：石油工业出版社
　　　　　（北京市朝阳区安华里二区1号楼　100011）
网　　　址：www. petropub. com
编 辑 部：（010）64523616　64523609
图书营销中心：（010）64523633
经　　　销：全国新华书店
印　　　刷：鸿鹄（唐山）印务有限公司

2021年3月第1版　　2021年3月第1次印刷
710毫米×1000毫米　　开本：1/12　　印张：12
字数：102千字

定价：39.80元

（如发现印装质量问题，我社图书营销中心负责调换）

前　言

　　面对未知的世界，孩子的好奇心尤其强烈，因此他们更喜欢去探求某些自然世界的真相。但他们常常会发现自己感兴趣的东西比预期的更难懂，这时他们容易表现出畏难的情绪，甚至放弃去探索。而这其中科学家们发现动物世界是如此神秘而有趣，但这对于孩子来说还是有点儿难懂，甚至有些疑惑。

　　长颈鹿的脖子竟然能旋转360度？小小的白蚁能建造摩天大厦？海马爸爸竟然生宝宝？还有爬到树上看风景的鱼？魔鬼鲨会自己爆炸？食人鱼是怎么一会儿的工夫就吃掉一头牛的？黑猩猩究竟有多聪明？……你是不是对那些在动物园里和电视上看到过的动物充满了好奇呢？别着急，以上问题的答案就在本书当中。本书通过浅显易懂的语言，搞笑、幽默、夸张的漫画，突破常规的知识点，带你进入奇妙的动物世界，让你了解生动有趣的动物知识，让你从此更加热爱大自然。

　　在这里，你可以睁大好奇的眼睛，让探求知识的过程变得更为简单而有趣。不久之后你的那些疑惑，那些之前看起来像谜一样的动物，就会在本书里得到解答。每一部分后面还设置了看似简单却又蕴含着多彩知识的小测验，会让你温故而知新，加深记忆。

　　其实，和我们人类一样，在自然界中，动物们面临着多重挑战，同时它们也充满了热情和智慧！有时候，它们会为了生存和繁衍展开激烈的争斗；有时候，它们又会为了自己的家族而不停地努力、奋斗。这并不像看上去那么有趣，但它们总是热情而充满智慧地迎接一切挑战。动物们既聪明机智，又愉快活泼，它们正在自己的家园里和小伙伴们一起快乐地生活呢！它们与我们人类同样是地球公民，正用它们特有的方式告诉大家生命是多么可贵！

　　引人入胜的故事，有趣的难题，各种奇谈怪论，书中的精彩内容不仅会让你提升阅读兴趣，还能激发你发现新事物的能力，读罢大呼"原来如此"，竖起大拇指啧啧称奇！还等什么，快快翻开它吧！

目录

可爱动物的奇特生活

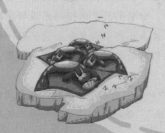

动物高超的生存绝技

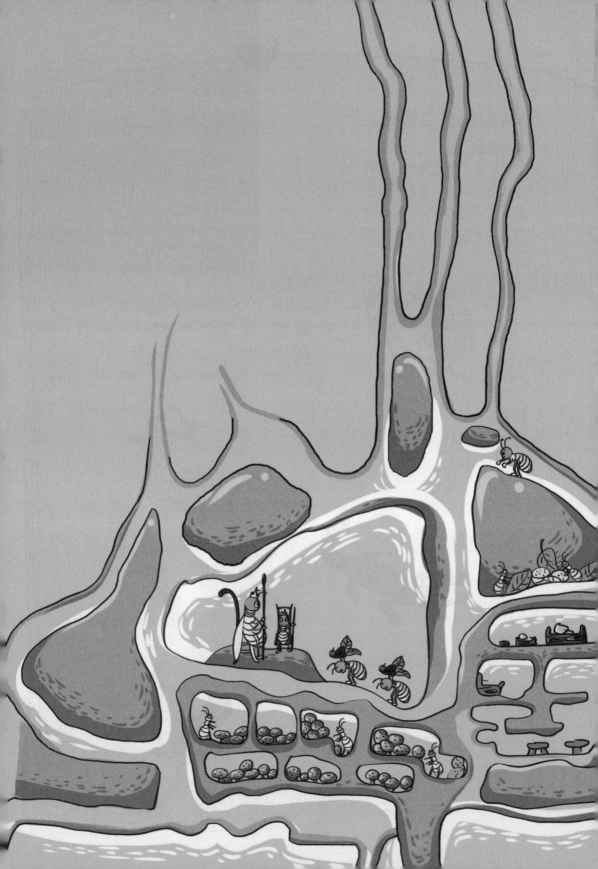

长颈鹿

我的脖子为什么这么长

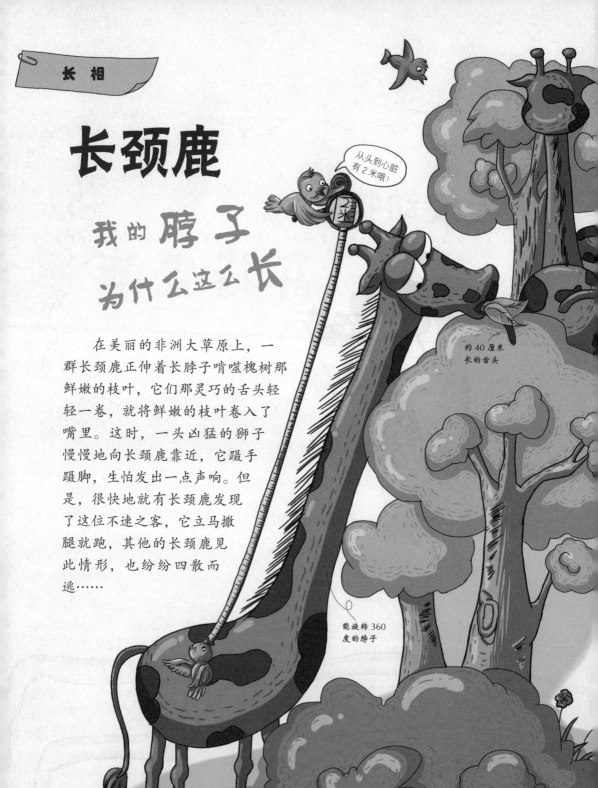

从头到心脏有 2 米哦!

约 40 厘米长的舌头

能旋转 360 度的脖子

在美丽的非洲大草原上,一群长颈鹿正伸着长脖子啃噬槐树那鲜嫩的枝叶,它们那灵巧的舌头轻轻一卷,就将鲜嫩的枝叶卷入了嘴里。这时,一头凶猛的狮子慢慢地向长颈鹿靠近,它蹑手蹑脚,生怕发出一点声响。但是,很快地就有长颈鹿发现了这位不速之客,它立马撒腿就跑,其他的长颈鹿见此情形,也纷纷四散而逃……

嘿嘿，我是陆地上最高的动物哦

长颈鹿是一种生长在非洲的反刍偶蹄动物，以长长的脖子而出名，是动物当中出了名的"高个子"，是陆地上最高的动物。世界上最高的长颈鹿，身高可达6米。一般的雄性身高都在4.8～6米之间，体重1500千克左右，雌性长颈鹿要稍稍逊色一些。

长颈鹿的头顶有一对长有茸毛的小角，眼睛大而突出，长在头顶上，身上还有棕黄色的网状斑纹。长颈鹿生活在非洲热带和亚热带广阔的草原上。不过，尽管它是非洲特有的，但是据古生物学家研究考证，长颈鹿的祖籍可是在亚洲哦！

别看长颈鹿长得高高大大的，它们却是十分胆小的家伙，每当遇到天敌的时候，它们选择的唯一方式就是立即以70千米/时的速度逃命。一旦逃不掉，它们那四只铁锤似的巨蹄便是最强有力的武器，它们会狠狠地朝敌人踢去。长颈鹿看上去十分温驯，但是你千万不要因此就觉得它们好欺负，要是激怒了它们，同样是不会有好果子吃的！据说，愤怒的长颈鹿可以一脚踢死一头成年的狮子呢！

长颈鹿头顶上的大眼睛是天生的"瞭望哨"，可以随时用来监视敌情，号称是动物界的"千里眼"；除此之外，长颈鹿还会利用它们那双不停转动着的耳朵，随时寻找声源，直到确定平安无事，它们才会安心地进食。

哇，一伸脖子就能吃到树上的叶子，好羡慕啊！

长颈鹿的脖子为什么那么长

长颈鹿为什么要长那么长的一个脖子呢？它的祖先的脖子也这么长吗？

其实，在很早很早之前，长颈鹿的祖先并没有像现在这样长着长脖子。那时候，在非洲大草原上，有许多的草食性动物，较矮的植被很快就被动物们吞噬殆尽，要想生存下去，只有向更高的树枝看齐。在这样恶劣的生存环境下，长颈鹿只好努力伸长脖子，去吃更高处的新鲜树叶和树枝，而那些脖子伸不长的长颈鹿就这样被活活饿死了。

听起来还真是够可怜的呢。就这样，经过一代又一代的进化，长颈鹿的脖子就变得越来越长，因此，就有了我们今天所看到的长脖子。

长颈鹿的脖子不仅很长，而且还能够旋转360度呢，这样它们就可以随时观察周围的环境，以便在危险来临之前尽早做出防御措施。

别看长颈鹿的脖子那么长，其实它跟其他动物一样，只有7块颈椎的椎骨，只是它们的椎骨要远远长于其他动物的椎骨，其中一块椎骨大约有半米长。有一个长脖子，自然就有一根长舌头，因而，长颈鹿可以一整天都站在树底下，伸出它那长达40厘米的长舌头慢慢地咀嚼树叶。长颈鹿的舌头十分灵活，能够轻松地避开植物外围密密的长刺，卷食隐藏在里层的树叶，堪与大食蚁兽的舌头相媲美。

脖子只有7块颈椎

长腿带来的不便

长颈鹿不仅拥有一个长脖子，而且它的腿也比较长，更奇怪的是，它的后腿要比前腿短得多，因此，长颈鹿很难像其他动物那样灵活自如地低头喝水。长颈鹿要想低头喝水，就得叉开前腿，站立成一个很不稳定的"V"字形，看上去颤颤巍巍的，似乎只要轻轻一推，就会马上向前摔倒，有时它们也跪在地上喝水，十分不便。因而，长颈鹿在喝水的时候最容易受到其他猛兽的袭击。好在长颈鹿是群居性的动物，它们往往不会同时喝水，总会留几只长颈鹿来站岗放哨。

不过，为了防止意外的发生，长颈鹿会尽量减少喝水的次数，每痛饮一次，就会强忍着三十多天都不喝水。如果觉得口渴，它们就会吃大量的树叶和果实来补充水分。

生活在非洲野外的长颈鹿往往是站着睡觉的，因为对于长颈鹿来说，睡觉是一件十分棘手的事情，甚至会让它们面临危险，如果它们躺下睡觉的话，要花整整一分钟的时间才能从地上起来，这就使得它们的逃生能力大打折扣。所以，躺下睡觉也是一件十分危险的事情。

> 唉，前腿太长，喝水真不容易呀，小心，不要摔倒啊！

> 望风

> 快点喝啊，狮子要来了！

长颈鹿是哑巴吗？

你去动物园看长颈鹿的时候，听过它的叫声没有？看电视里的动物世界，当长颈鹿被捕获或被群狮撕咬时，它发出哀号了吗？好像都没有。难道长颈鹿生来就是哑巴吗？

其实不是这样的，长颈鹿有声带，只是声带的中间有浅沟，很难发出声音，而且长颈鹿要发声还要靠肺部、胸腔和膈肌的共同帮助，随着长颈鹿的脖子越长越长，和这些器官之间的距离也越来越远，发声也就越来越费劲了。所以，年幼的长颈鹿找不到自己妈妈的时候，还能发出像小牛"哞哞——"的叫声，而到了成年，长颈鹿一般都不叫了，也就成了"哑巴"了，但它并不是真正的哑巴哦。

千足虫

数数
我有多少条腿

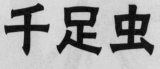

在美洲的巴拿马山谷里，如果你一不小心将脚下的一块石头给踢飞了，你会意外地发现下面竟然藏着许多圆乎乎的小虫子，它们一个个肥头大耳的，看上去肉乎乎的，由黑黄相间的体节组成。显然它们被这突如其来的意外给吓着了，

一个个惊慌失措、连滚带爬地朝着周围的缝隙钻去。

不过呢，它们的爬行速度还真是够慢的，仔细一瞧，它们的身体两侧竟然长满了细细的小脚，天哪，这种小虫子竟然长了这么多脚，看上去足足有100多条呢！

名不副实的"千足虫"

哈，我可是家族里面的大个子！

哇，它的脚真多啊！

那个肉乎乎、全身长满细脚的小虫子就是千足虫，它们身上的脚可不止 100 条哦！

千足虫又称马陆，是一种陆生节肢动物。它的身体呈圆筒形或长扁形，分为头和躯干两部分。头上长着一对粗短的触角，躯干则是由许多体节构成的，多的有几百节呢。每个体节都是一个独立的整体，能够单独弯曲，自由伸展。除去第一节无脚和第二至第四节是每节一对脚外，其余的体节每节有两对脚，所以它有很多脚。

不过，虽然名为"千足虫"，但实际上它根本就没有 1000 只脚，说起来，"千足虫"这个称呼可是名不副实呢。大多数的千足虫都有 100 多对脚，这其实也已经是一个不小的数字啦。在北美巴拿马山谷里有一种大马陆，全身有 175 节，加起来共有 690 只脚，可以说是世界上脚最多的节肢动物了。有的千足虫身体较小，只有 2 毫米长，与大马陆相比，就小得多了。

千足虫行走时左右两侧的脚同时行动，前后脚依次前进，进行波浪式运动，看起来十分有节奏。不过，千足虫虽然脚很多，但是行动起来相当地迟缓。看来，脚太多反倒会影响行走速度呢。

我的脚这么多并不是天生的

哈哈，这些可都是我的杰作哦！

千足虫并不是一生下来就有这么多脚的。刚出生的千足虫幼虫身体只有 7 节，后来，经过一次蜕皮之后，体节增加到了 11 节，有 7 对脚；接着是第二次蜕皮，经过第二次蜕皮，体节增加到了 15 节，有 15 对脚……就这样，经过好多次的蜕皮发育之后，千足虫的体节慢慢地增多了，脚也就随之增加了。

千足虫喜欢成群结队地生活在阴暗潮湿的地方，如枯枝落叶堆中或碎石瓦砾下。白天的时候，千足虫躲在阴凉潮湿的地方睡大觉，到了晚上，它们便开始四处活动，找食物吃。

千足虫以腐败植物为食，有的也喜欢啃噬植物的幼根及幼嫩的小苗和茎、叶。千足虫是卵生动物，每年繁殖一次，平均寿命在一年以上。每年一到繁殖季节，千足虫就会把卵产在草坪的土层表面。千足虫产卵有个特点，那就是成堆产卵，在卵的外面有一层透明的黏性物质。一只千足虫一次可产卵 300 粒左右，在适宜的温度下，这些卵经过 20 天左右就会孵化成幼虫，几个月之后便会成熟。

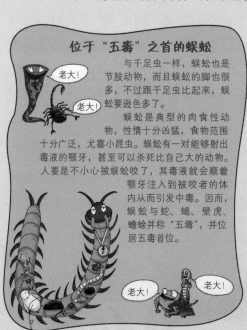

位于"五毒"之首的蜈蚣

与千足虫一样，蜈蚣也是节肢动物，而且蜈蚣的脚也很多，不过跟千足虫比起来，蜈蚣要逊色多了。

蜈蚣是典型的肉食性动物，性情十分凶猛，食物范围十分广泛，尤喜小昆虫。蜈蚣有一对能够射出毒液的颚牙，甚至可以杀死比自己大的动物。人要是不小心被蜈蚣咬了，其毒液就会顺着颚牙注入到被咬者的体内从而引发中毒。因而，蜈蚣与蛇、蝎、壁虎、蟾蜍并称"五毒"，并位居五毒首位。

老大！

老大！

老大！

老大！

蜈蚣的食物

嘿，别惹我，我可是有化学武器的

千足虫没有毒颚，也不会蜇人，但是你可别因此就小看它哦，它也有自己的防御武器和本领呢。当它们受到触动的时候便会缩成一团，一动也不动，在那儿"装死"，当危险过后，它们才会慢慢伸展开来爬走。

此外，千足虫的每个环节上都分布着毒腺，它们能够各自喷射毒汁，这便是千足虫的"化学武器"了。当它们遇到强敌的攻击，便会立即将身体蜷缩起来，各个环节形成一个扇形，然后每个环节的毒腺一起向对方喷射毒汁。

那些毒汁顿时像一颗颗"水弹"，劈头盖脸地向敌人打去，而自己则乘乱逃走。

你可千万别小看那些毒汁哦，它们具有很强的麻醉作用，如果人的眼睛不小心被千足虫的毒液击中了，暂时会看不清东西；要是皮肤被扫射到了，会感到麻木疼痛，只有当毒液的毒性消失之后，人的视觉和触觉才会逐渐恢复。

毒腺

午后，在茂密的热带丛林里，阳光从树叶的缝隙洒了进来，投下了斑驳的印迹。一条巨大蟒蛇爬上了一棵树，那些栖息在树上的小动物们顿时尖叫连连，四散而逃。

这突如其来的动静把树上正在睡觉的一只巴掌大的小猴子惊醒了，它惊讶地瞪大了双眼四处张望。咦，这只小猴子还真是特别，在它小小的脸庞上，长着一双特别大的圆溜溜的眼睛，差不多占据了小猴子的大半个脸。看到蟒蛇之后，它迅速一跃，跳到了相邻的另一棵树上，一转眼的工夫，小猴子便不见了踪影。

眼镜猴

生下来我就"戴眼镜"

身体不动，脖子可以转一圈，进行 360 度巡查

生下来就"戴眼镜"的小猴子

被蟒蛇吓跑的大眼睛小猴子有个很形象的名字——眼镜猴。眼镜猴最奇特的地方就是那双异乎寻常、大得出奇的大眼睛了。眼镜猴的眼球直径有 1 厘米以上，重达 3 克，比它的脑子还要重呢。它的两眼相距很近，周围环生着黑斑，占据了脸的大部分，把鼻子挤得又小又窄，就像戴着一副宽边老花眼镜。眼镜猴具有很高的警惕性，甚至在睡觉的时候，它们也会睁着一只眼睛。

除了一双可爱的大眼睛，眼镜猴还有一对大耳朵，这就使得它的听觉十分敏锐，只要周围有一点动静，它们就能觉察出来。令人奇怪的是，眼镜猴在睡觉的时候，两只大耳朵会随意地折叠起来，将外界的声音隔绝。这时，它们就可以安然入睡了。

眼镜猴的个头跟大家鼠差不多，全身呈黄褐色，乍一望去仿佛一只褐色的家鼠。它的体重不超过一块普通手表的重量，是世界上体型较小的灵长类动物之一。

眼镜猴的脖子十分灵活，它能够身体不动而让头几乎整整转动一圈，这有助于它发现猎物和避开像猫头鹰与小猫等敌人。

眼镜猴的后肢很长，而跗骨更是格外长，故又称跗猴。此外，眼镜猴还有一条长出身体几乎一倍的尾巴，这条尾巴起着平衡和支柱的作用。有了这条尾巴，眼镜猴不仅能够准确地在树枝间跳来跳去，而且还可以稳稳

睡觉中

地趴在树枝上掉不下来。

眼镜猴浑身长满了柔软而厚实的毛。它们喜欢抱着树枝趴在树上或者是在树枝间跳跃。在它们的趾端（手指尖和脚趾尖）有一个盘子形状的肉垫，这样一来，它们就可以牢牢地攀附在树枝上了。

盘点长相奇特的动物

独角鲸

独角鲸是生活在北极冰冷海域的小型鲸鱼，因为头部前段3米左右的螺旋形犄角而得名，长久以来被认为是传说中的独角兽的化身。事实上，独角鲸的"犄角"并非真正的角，而是一颗外露的长牙。在胚胎中的独角鲸有16枚牙齿，但都不发达，至出生时，多数牙齿都退化消失了，仅上颌的两枚保留下来。而雌鲸的牙始终隐于上颌之中，只有雄鲸上颌左侧的一枚会破唇而出，像一根长杆伸出嘴外。

美西螈

美西螈俗称六角恐龙，是水栖的两栖类，它是动物界中的"彼得·潘"，也就是说，即使在性成熟后也不会经历适应陆地的变态，仍保持它的水栖幼体形态。除此以外，它还具有非凡的再生能力。一只美西螈失去一条腿后，很快又会长出新的，它甚至能再生非常复杂的身体部分，其中包括部分大脑、脊髓。

长耳跳鼠

长耳跳鼠被称为"沙漠中的米老鼠"，是一种有着老鼠外表，长尾巴、善于跳跃的细长后腿和出了名的大耳朵的啮齿动物。它们生活在中国和蒙古的沙漠中，喜欢在夜间活动，前肢短小和普通的跳鼠一样，后肢细长，约是身体的两倍，耳朵几乎是头部的3倍大，是耳朵占头部比例最大的动物。

鲸头鹳

这种生活在非洲的大型鸟类长得很像鹭，被当地人称为"鞋之父"。之所以会有这个怪名，不是因为它会做鞋，也不是因为它发明了鞋，而是因为它的喙很像鞋，尤其像荷兰人的木鞋。但是你可千万不能小看这只"鞋"哦，它不仅尖端尖锐异常，而且两边也像快刀般锋利，还能够穿透鳄鱼厚厚的皮肤呢。

哈哈，我也是夜猫子

小眼镜猴刚出生的时候就已经发育得十分成熟了，它们有着厚实的皮毛，眼睛也是睁开的，一生下来就能爬，能抓住母亲的毛。如果母猴要走比较长的路，会将幼崽衔在口中带着走。

眼镜猴喜欢生活在茂密的次生林和灌木丛当中，它们跟猫头鹰一样，也是夜猫子——白天睡觉，夜间活动。每当夜幕降临，眼镜猴的那双大眼睛就派上了用场。说起来，眼镜猴的大眼睛十分适于夜间捕食，它们以昆虫、青蛙、蜥蜴及鸟类为食，有一种眼镜猴还能够捕食比它们自身大的鸟与毒蛇呢。

古老的跳跃能手

大约在 4500 万年前，眼镜猴就出现在地球上了，它们曾经广泛分布于世界各地，可是现在，这些可爱的小猴子却濒临灭绝。这是因为它们的栖息地日渐减少，而它们的繁殖能力又比较差，一只母眼镜猴一年只能产下一个宝宝，再加上它们经常遭到一些猫科动物的袭击，所以数量越来越少了。

眼镜猴具有很强的跳跃能力，它们可以在树枝间灵活地跳来跳去，十分自如，有时一跃的距离竟相当于其体长的 40 倍呢。在树枝之间跳跃时，它们会突然伸直自己的后腿跳向空中，然后落在距自己 2 米甚至更远的另一棵树上。如果有必要的话，它们还会在中途拐弯呢。

眼镜猴几乎是以树为家的，它们很少会到地面上活动。偶尔到地面活动时，它们会笨拙地沿着树枝慢吞吞地挪到地面上，但是，即使在地面上，它们也是通过跳跃来移动的。

眼镜猴不喜欢群居，它们大多都是独行侠，偶尔也会成对地栖息在一起。眼镜猴的寿命为 15 ～ 20 年，十分恋家，它们只要离开了栖息地就会忧郁而死。曾有人试图将它们带到别的地方饲养，但都以失败而告终。

在非洲的热带草原上，有许多奇奇怪怪的土堆——它们有的像一根根粗矮的柱子，有的像一个个树桩，尽管它们形状各异，外表凹凸不平，但是其底部都十分光滑整洁。如果你有机会见到它们，一定会十分惊叹，这恐怕是那些调皮的小孩子的"杰作"吧。你若是这么想那就错了，这些伟大的"作品"可是白蚁的巢穴哦。

什么？小小的白蚁竟然能够建起这样的"摩天大厦"，这是真的吗？

白蚁

建造摩天大厦

通道

通道

通道

通道

工蚁的住所

蚁后、蚁王的皇宫

育婴室

菌圃

通道

通道

白蚁：自然界最出色的建筑师

　　自然界最出色的建筑师非白蚁莫属了。它们素有自然界"推土机"之称，以白蚁与人类的大小比例计算，它们所建造的"摩天大楼"可相当于102层的纽约帝国大厦的4倍呢！

　　蚁穴大部分都建在地势比较高的地方，不少的蚁穴就建在公路旁，有的甚至就把树干和树枝包在里面。这样，地处高地，不会积水；傍树筑巢，可以不愁吃喝。

通风管

通风管

通风管

　　最神奇的要数蚁穴内部的构造了，其内部四通八达，既坚固又实用，可供数百万只白蚁栖息。由于特殊的身体构造，白蚁只能生活在黑暗潮湿的地下，一旦暴露在阳光下或温度过高、过热，它们就会很快干瘪死亡。因而，为

好凉快！

了保持蚁穴的湿度，白蚁挖掘隧道，通过取地下水来润湿巢穴；为了保持常温，白蚁架起了高耸的通风管，利用空气对流来解决这个难题。

　　白蚁的巢穴能够利用巧妙的构造保持冬暖夏凉，这点连人类都自愧不如。因而，说白蚁是自然界最出色的建筑师，它们真是当之无愧呢。

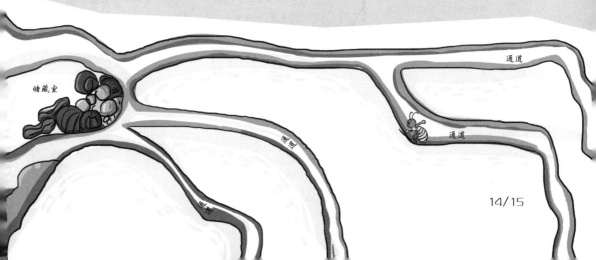

储藏室

通道

通道

构造精美的地下宫殿

看看白蚁的地下宫殿，你就会明白什么是真正的建筑大师。

白蚁的地下宫殿一般建在地下几十厘米甚至数米深的地方，结构十分壮观和复杂：外层是一道厚而坚实的防护层，里面是片状或蜂窝状的住所。而且，蚁穴还有主穴和副穴之分。在穴内安全、舒适的地方，建有供蚁王和蚁后居住的片状皇宫，而宫廷卫队——兵蚁则住在皇宫周围，担任守卫皇宫的重任。副穴呈蜂窝状，是国王忠实的子民——工蚁们的住宅。主穴和副穴之间有许多宽敞的通道，用来传递信息、运输物资。

有的白蚁还在巢穴里增辟了几个甚至数十个"王室农庄"——菌圃，用来培养菌类作为"宫廷御膳"。我国云南著名的土特产——鸡菌就是黄翅大白蚁、土垄大白蚁等精心培育而成的。

兵蚁

蚁后　　蚁王

工蚁

各司其职，
分工明确

　　白蚁的生活方式十分原始，一个白蚁群体中，有蚁后、蚁王、兵蚁、工蚁，它们的分工十分明确，每个个体都各司其职。

　　蚁后在蚁王的陪同下，住在皇宫里，说起来，蚁王的个子只有蚁后的四分之一，在蚁后面前，蚁王显得十分"渺小"。蚁王和蚁后只管交配产卵，生儿育女。**蚁后每天都能产出上万个卵**，假如蚁后有30年寿命的话，它能够在这30年里不停地产卵，你试着算算这个数字有多大吧！

　　兵蚁只管防御，它们肩负着站岗放哨、保卫家园、抵御侵略的重任。

　　工蚁只管做工，担负着蛀蚀木材、运送食物、修建巢穴、照料幼蚁的繁重任务。别看工蚁们的个子很小，体长只有7~9毫米，仅仅是兵蚁的二分之一，但是庞大的蚁穴就是由它们把地下的泥土衔出去，然后一点点建造起来的。

　　别看建造蚁穴的工程量浩大，事实上，白蚁筑穴的能力十分惊人，不到一个月的时间，白蚁就能建好一座完成的蚁穴。遇到天气变化，它们会倾巢出动，搬迁到其他地方，新建一个蚁穴。

　　尽管白蚁十分能干，堪称建筑师，但是它的危害性极大。它们以木材为食，破坏了树木和民房，还破坏了土壤的承载能力，因而它们的名声并不怎么好。

河狸
大名鼎鼎的
"土木建筑师"

在森林的小河中，有一条修筑得十分精巧的堤坝。那座堤坝将河水拦截在了河湾里，形成了一个波光粼粼的小湖。即使在干旱季节，小河里的水少得可怜，可是小湖里还是装满了水。是谁在小河里建造了这座堤坝呢？其目的何在？这座堤坝是大名鼎鼎的"天才建筑师"河狸建造的，对它们而言，建造个堤坝不过是小菜一碟！

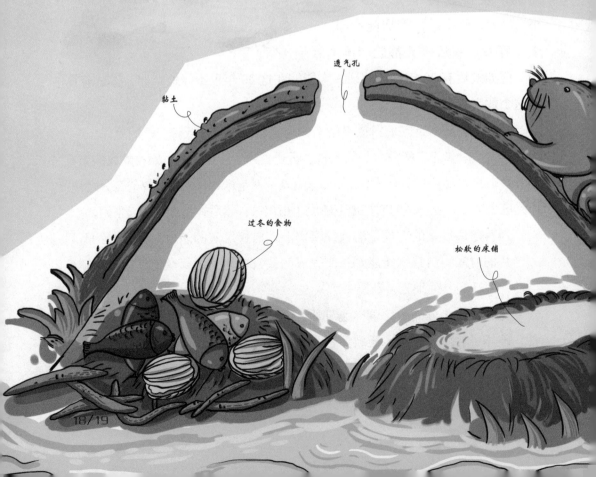

黏土

透气孔

过冬的食物

松软的床铺

属于自己的房子

对于河狸而言，"天才建筑师"这个称号可谓实至名归，因为它们可以造出美轮美奂的住房来，而且是在水里喔。

你可能十分好奇，河狸为什么要把房子建造在水里呢？建在陆地岂不是更省事些？其实，它们也是不得已而为之。河狸的自卫能力很弱，有很多致命的天敌，如狼、山猫、狐狸……一不小心被它们逮住，可是小命不保啊。不过，好在这些天敌大都是旱鸭子，不会游泳，更不会潜水，因此，河狸就把房子建在了水里——有本事就学游泳去吧！

河狸的房子结构十分精巧：圆圆的房顶，从远处望去就像是一个炭窑，房顶直径有 2 ~ 3 米，坚厚的墙壁外面涂着黏土，里面十分宽敞，能够储存过冬的食物，还有松软的床铺；在这样的房间里生活一点儿也不会闷，因为"天花板"上有透气孔。一般河狸的房子都有两个大门，一旦有水獭等动物闯入，它们便可以从后门逃跑。

后门

修筑堤坝

不过，要想在水里造房子可不太容易，既要有一定的水位，但是水位又不能太高，否则就会把房子给冲走。因此，河狸一般会在建造房子之前先筑造堤坝，将水流截住。

它们用来筑造堤坝的材料很讲究，有树干、石块、泥土等。说到树干，不得不说说河狸的伐木本领了。它们会先选择好方向，用锐利的门牙将树啃断，让树倒向河里。河狸用多长时间能咬倒一棵大树呢？说出来一定让你大吃一惊，一棵直径40厘米的树，只需要2个小时。

当聚集了一定的树干之后，河狸又利用水流把它们运到围堤的地方，再一根根垂直地插进土里当作木桩，然后用树枝、石子、淤泥堆成堤坝。

筑好堤坝之后，河狸才会在近岸的地方造房子。

团结的力量大

在美国福克斯山附近的杰佛逊河上，有一座据说是世界上最大的河狸大坝，那座大坝长达652米，高3.6米，基底宽4.5～6米。如此浩大的工程，不知道是多少河狸通过辛勤劳动完成的呢。

河狸喜欢群居生活，它们筑造堤坝运用的也是集体的智慧。在整个筑堤过程中，河狸们个个都会参与其中，有的在岸上"砍伐"树木，有的在水中截树木，有的插树桩，有的运石块，有的送泥土，配合得相当默契，俨然一个井然有序的施工队。

河狸异常勤劳，干起活来从来都不知道疲倦。因此，在英国和美国，人们都喜欢用"河狸"一词来赞美那些对工作不辞辛苦的人们。

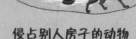

侵占别人房子的动物

动物们都是自己盖房子自己住的吗？那可不一定哦。有的家伙十分懒惰，它们知道盖房子十分辛苦，于是就像强盗一样专门侵占别人的巢穴。其中，狐狸和三宝鸟最具有代表性。

狐狸

狐狸最喜欢的就是獾的洞穴了，因为獾的家很舒服也很漂亮。狐狸会趁着獾不在家的时候冲进獾的家里，又是拉屎又是撒尿。如此一来，爱干净的獾只好放弃脏兮兮的房子，另觅住处了。就这样，狐狸不费吹灰之力就有了自己的房子。

三宝鸟

三宝鸟虽然个头不如喜鹊大，却是喜鹊的对头，产卵孵化时专门占用喜鹊的巢。喜鹊虽然和猛禽过招能靠"鸟海战术"取胜，但在与三宝鸟的争斗中却总是打败仗。

"活化石"

河狸身材矮小，乍一看，还有点儿像黄鼠狼呢。

河狸的食物主要是杨、柳、桦等树的新鲜树皮、嫩枝和树根。在冬季来临之前，河狸就会大量地储备冬粮。它们把树干和树枝咬成1米左右的树干，运到洞口附近集中储藏——先用石块将树枝压好，再用泥土封死，这样一个"储藏室"就建成了。

冬天来了，大雪封山，湖面上结起了厚厚的冰层，许多动物都面临寒冷和饥饿的威胁，而河狸一家却可以在宽敞暖和的房间里安享天伦之乐。

正是因为勤劳、团结、有先见之明，还懂一些技术，河狸在地球上一直繁衍生息，是现存最古老的动物之一，被称为古脊椎动物的"活化石"。

蜜蜂

建筑也要靠天赋

蜂巢内部

　　村口的大柳树上，挂着一个莲蓬一样的蜂窝，上面密密麻麻地爬满了尾巴上带刺的蜜蜂。还有许多蜜蜂出出进进的，看起来十分忙碌。

　　咦，看上去那个蜂窝也不是很大啊，它是如何容纳那么多蜜蜂的呢？难道蜜蜂在里面叠罗汉？

8字舞

天才设计师兼数学家

如果你亲眼见过蜜蜂的房子——蜂巢的话，你一定会为之惊叹。

蜂巢的结构十分巧妙，它是由一个个正六角柱形体的蜂室组成的，蜂室的开口全部朝下或朝向一边、背对背排列在一起。每一个蜂室的大小都是统一的，上下左右的距离也是相等的。每个蜂室都紧密相连，整齐有序，仿佛是经过精心设计的。而且，每个蜂室的一端是六角形开口，另一端则是封闭的六角棱锥体的底，是由三个相同的菱形组成。

在 18 世纪初，法国有一个名叫马拉尔奇的学者"闲"来没事，测量了大量的蜂巢尺寸，之后，他发现了一个惊人的结果，那就是组成蜂巢底盘的菱形，所有的钝角都是 109° 28′，所有的锐角都是 70° 32′。这一惊人的发现引起了数学家克尼格和马克洛林的注意，他们分别经过精密的计算，得出了一个结论——如果要用最少的材料，制成最大的菱形容器，正需要这个角度。正六角形的建筑结构，密合度最高，所需材料最少，可使用空间最大。

更令人惊奇的是，蜜蜂为了防止蜂蜜外流，每个蜂巢都是从中间向两侧水平展开，每个蜂房从内室底部到开口处，都呈现 13° 的仰角。

蜜蜂在筑巢时展现出了惊人的数学才华，这令许多建筑师都自叹不如、佩服有加。小小的蜜蜂不仅仅是建筑师，还是天才的数学家呢。

蜂巢是如何建成的

蜜蜂的房子那么精巧，那么它们是如何建成的呢？

蜜蜂是社会性的昆虫，它们的分工十分明确，蜂巢是由最勤劳的工蜂建造的，它们不仅要筑巢，同时还担负着照料幼蜂、清洁、采蜜、保卫家园、修补巢穴的工作。

建造蜂巢所需要的材料，叫作蜂蜡，是由工蜂腹部的四对蜡腺分泌的。一只 12 至 21 日龄的工蜂，其腹部的四对蜡腺大致上已经发育完全。

蜡腺

工蜂在筑巢之前会吸足花蜜，经过一天的休息，工蜂体内的蜜汁经过吸收分解，就变成了蜂蜡，然后工蜂通过腹部的蜡腺分泌出一层薄薄的蜡片，这时它们就会分开进行下一步筑巢工作。

工蜂先用足上的毛将分泌出来的蜡片刷下来，送入嘴里嚼成多块小板，然后将这些蜡板传递给在箱板上等待造巢的工蜂。等待造巢的工蜂用嘴接过蜡板，将其均匀地涂在顶板上，作为蜂巢的基础。随后，其他工蜂都会陆续送来蜡板，巢基就这样渐渐地加高，最后，一根蜡柱从顶板上垂下。这时，其中的一只工蜂便会在蜡柱中间做出一个六边形的洞，经过精雕细刻之后，第一个六边形的蜂房就建好了，这样便有了最基本的模型，其他的工蜂在其基础上开始有条不紊地施工。渐渐地，一个个相互连在一起的六边形蜂房便建好了，直至最后形成了一个美丽独特的蜂巢。

当天气炎热、蜂巢内温度升高时，工蜂们就会在蜂巢入口的地方，振动翅膀扇风，使得蜂巢内空气流通，渐渐凉快起来。

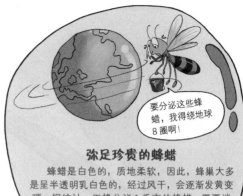

要分泌这些蜂蜡，我得绕地球8圈啊！

弥足珍贵的蜂蜡

蜂蜡是白色的，质地柔软，因此，蜂巢大多是呈半透明乳白色的，经过风干，会逐渐发黄变硬。据统计，工蜂分泌1千克的蜂蜡，需要消耗16千克的花蜜；而采集1千克的花蜜，蜜蜂们必须要飞行32万千米才能完成，相当于绕行地球8圈。也就是说，蜂蜡对蜜蜂而言是极其珍贵的。

独特的舞蹈

蜜蜂在采蜜归来时，总是在蜂房上空欢乐地飞舞不停。有时，它会顺着一个方向或者倒转一个方向兜圈子；有时，它又一会儿左，一会儿右地兜半个圈子。这是为什么呢？难道是因为采蜜归来十分兴奋，要跳舞来庆祝？

原来，蜜蜂跳舞是为了传递信息。它们能够通过舞蹈的图形、圈数的多少来告诉同伴什么地方有花，大约有多远。蜜蜂是靠太阳来辨别方向的，假如它们头朝上跳"8"字形舞蹈，意思就是，朝太阳的方向飞能采到蜜；头冲地跳"8"字形舞蹈，意思就是背朝着太阳飞能采到花蜜。而距离的远近，则用飞舞圈数的多少来表示，几十米、几百米或几千米，都有固定的圈数。

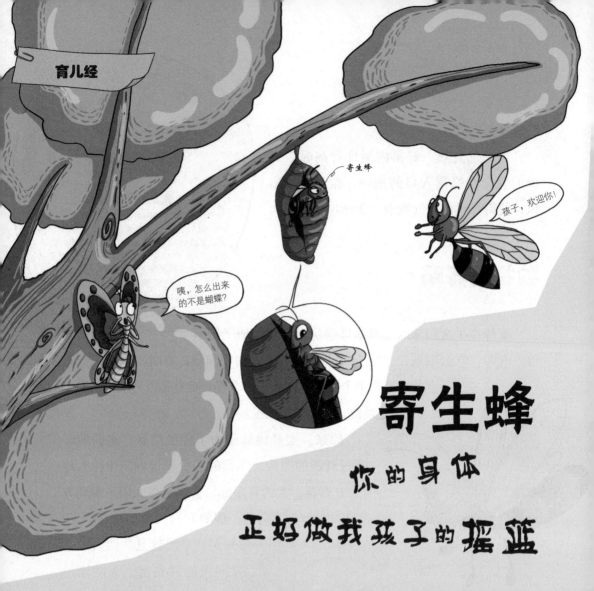

寄生蜂

你的身体

正好做我孩子的摇篮

　　一个颜色灰暗的蛹茧粘连在树枝上，这时，茧内有了轻微的蠕动，后来，蠕动的幅度加大了，茧的壁膜也渐渐变得薄透起来，隐隐能看到里面有生命在不停地蠕动。随着一声轻微的声响，"牢笼"终于被撕破了一道口子，里面的小生命动得更加剧烈了，口子越来越大，一只弱小的生命从里面爬了出来。

　　仔细一瞧，咦，破茧而出的居然不是美丽的蝴蝶，而是一只长有很多只脚，两对透明翅膀，颜色和样貌都十分丑陋的小虫子，这到底是怎么一回事呢？

"偷来" 的孩子？一个美丽的误会而已

原来，从茧里面爬出来的丑陋的小虫子是一种寄生蜂，正如同人的体内存在着掠夺营养的寄生虫一样，在昆虫世界里也存在着寄生在其他昆虫体内抢夺营养的昆虫。

在古代，有这样一个传说：蜾蠃（一种细腰寄生蜂）只有雄的，没有雌的。那么它们是如何传宗接代的呢？就是靠——"偷"。后代也能偷吗？原来，蜾蠃会把螟蛉（一种绿色小虫）的幼虫衔回家，然后对其反复念叨："像我！像我！像我！……"这样念个七七四十九遍，螟蛉幼虫就变成了蜾蠃！

真是这样的吗？

当然不是了！事实上，蜾蠃雌雄俱全，当它们遇到螟蛉的幼虫时，的确会将其衔回自己的窝里，但蜾蠃将其带回家可不是认它们做义子的。蜾蠃会用自己尾上的毒针将螟蛉幼虫刺个半死，接着在上面产卵。当卵孵化后，便会以螟蛉幼虫为食，蜾蠃幼虫长大后从里面爬出来，此时，人们看到的是蜾蠃，便以为是螟蛉变成了蜾蠃。

误会竟然是这样引起的！

其实，在自然界，有很多像蜾蠃这样的寄生蜂，它们喜欢把自己的卵产在其他昆虫的幼虫、蛹或卵中，而其幼虫孵化之后便会以寄主的身体为食，直到幼虫长大成熟。

天哪，寄生蜂还真是够残忍的，竟然把别人的身体当成了自己孩子的摇篮。

嘿嘿，没有人看到！哦，赶快拿回家去！

蜾蠃

螟蛉幼虫

外寄生和内寄生

当寄生蜂的卵孵化之后，它们就会大肆夺取寄主的营养，那寄主会不会马上就死掉呢？

就像人体内有了寄生虫并不会导致人立即死亡一样，寄生蜂的寄主也不会马上死去。因为寄生蜂幼虫并不会伤害其内脏等重要器官，而只是吸食血液等，所以，寄主的生命可以暂时无恙。

不过，寄主并不知道自己体内有了寄生蜂，仍然会努力地觅食，只是身体里的营养都被寄生蜂幼虫给抢了去，等到该制作虫蛹的时候，它就虚弱得只有一息尚存了。接着，寄生蜂幼虫就会撕破寄主的肚皮爬出来。

这样的情形，光是想一想，都会让人不寒而栗啊。

在自然界，寄生蜂的种类多种多样，根据寄生形式的不同，可以将其分为两大类：外寄生和内寄生。外寄生是指把卵产在寄主体表，让孵化的幼虫从其体表取食寄主的身体；而内寄生是指把卵产在寄主体内，让孵化的幼虫以寄主的身体组织为食。

外寄生者在产卵之前必须要克服一件事情，那就是让寄主不能动弹，否则卵就会被寄主压坏或者被寄主咬死。因此，那些外寄生蜂在产卵之前会先用产卵管蜇刺寄主，同时将有毒物质注入寄主体内以麻痹寄主。这样一来，寄主无力反抗，寄生蜂便趁机把卵产在了寄主的身体上。

嗨,快来救我啊!

受寄生蜂幼虫
控制的毛毛虫

当寄生蜂的幼虫从毛毛虫的体内爬出之后,毛毛虫已经半死不活了,但是它的噩梦并未结束。那些幼虫会爬到附近的树干或树叶上,开始织茧,而已经成为"僵尸"的毛毛虫仍然受到它们的控制。此时毛毛虫俨然是一个傀儡,它们会像保镖似的在附近默默地注视着寄生蜂幼虫,关注着它们的成长,一旦发现有什么动物试图攻击幼虫,毛毛虫就会主动上前,像保镖那样将来犯者给赶走。

毛毛虫为什么会这么"伟大",不但为寄生蜂幼虫奉献自己的身体,而且还主动地保护它们呢?

它们之所以那么做,是因为寄生蜂幼虫对它们释放了一种化学物质,这种化学物质能够控制毛毛虫的意识和思想。这听上去似乎很神奇呢,而且是不是觉得毛毛虫非常可怜?不过,寄生蜂往往只寄生在害虫的身体、卵或蛹中,总体上看,是益虫战胜了害虫。这样一想,你是不是就放心多了呢?

千奇百怪的生育方式

妈妈口中孵化的罗非鱼

罗非鱼

鲨鱼

互相残杀的鲨鱼

罗非鱼——口中育儿

生活在热带的罗非鱼的生育方式十分独特。雌鱼在产卵后,便会把卵含在嘴里孵化。在这段时间里,它不吃东西,也不游动,而是静静地待在海底。嘴巴一张一合,让卵在嘴里来回慢慢滚动,大约需要一周的时间,数百条小鱼苗就孵化出来了。

鲨鱼——吃掉同胞才出生

大多数鱼类都是卵生的,卵在体外受精,然后孵化成小鱼。但是鲨鱼的生育方式却十分离奇,它是在体内受精孵化的。孵化出来的小鲨鱼有上千条,但是这些兄弟姐妹并不会和睦相处,它们会在母腹内自相残杀,直到最后一条小鲨鱼把其余的同胞全部吃掉后才出生。

鳑和河蚌——借腹怀胎,互惠互利

生活在亚洲东北部河流里的鳑,会在生育季节来临之际,成双成对地游到河蚌的栖息地,然后,雌鳑会把卵管插进河蚌的身体里,在里面产卵,雄鳑随其后,在河蚌上排出精液,鱼卵就在河蚌的体内受精并开始发育。在鱼卵变成小鳑之前,河蚌便充当了"保姆"的角色。当小鳑快要离开河蚌去独立谋生时,河蚌又悄悄地把自己的孩子寄放在小鳑的鳃中,直到发育成幼蚌而落入水中,小鱼又成了河蚌的"保姆"。鳑和河蚌就是这样互利互惠,互为"保姆",从而完成生儿育女的任务。

鳑

河蚌

河蚌卵

小鳑

在白杨树高高的树干上，有一个精巧的鸟窝，窝里有好几只刚刚孵化的小鸟探出了脑袋。这时，画眉妈妈从外面觅食回来了，几只小鸟看见了，叽叽喳喳地凑上前去。有一只小鸟看上去十分强壮，个头也比其他的小鸟大很多，它三两下便把其他小鸟挤到了一边，从画眉妈妈嘴里抢到了美味的虫子。其他小鸟只能饿着肚子冲着画眉妈妈叫个不停，对此，画眉妈妈也十分无奈。

等等！怎么那只抢到虫子的小鸟个头看上去比画眉妈妈还要大呢？这到底是怎么回事？

画眉

杜鹃

杜鹃

我给你找个养母

最不称职的母亲——杜鹃

其实，那只从画眉妈妈嘴里抢走食物的"异类"并不是画眉的孩子，它是一只小杜鹃。咦，那只小杜鹃是怎么跑到画眉妈妈的鸟窝里的？杜鹃妈妈丢了自己的孩子，它肯定着急死了吧，得赶快告诉杜鹃妈妈它的孩子在这儿呢！

事实上，你多虑了，杜鹃妈妈这会儿正逍遥自在地到处游山玩水呢，丢了孩子它一点儿也不着急，更不会担心。这怎么可能，世界上怎么会有这样狠心的妈妈？

说起来，杜鹃可以算是鸟类中最不称职的母亲了。它在抚育后代方面可以说是一无所知，它们既不会垒窝孵蛋，也不会养育幼鸟。那它们是如何繁衍后代的呢？别急，虽然杜鹃在抚育后代方面一无所知，但这并不意味着它无法繁衍后代，它们将本该是义不容辞的天职偷偷地让别的鸟妈妈来代劳。

杜鹃的"好名声"与坏名声

杜鹃是鸟类家族中普通的一员，它的身体是黑灰色的，尾巴上有白色的斑点，腹部有一些黑色的横纹。杜鹃的大小跟鸽子差不多，但是比鸽子瘦一些。它们喜欢在开阔的林地，特别是近水的地方生活，初夏时节常常昼夜不停地啼叫，声音清脆动听。

杜鹃十分胆小，总是躲在树叶之间不露头，所以你通常只能听见它们的

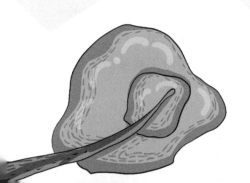

最不称职的母亲

叫声，却看不见它们的身影。它们甚至连飞行的时候也尽量不发出任何声音，生怕被人发觉。

关于杜鹃，还有个美丽的传说。相传望帝杜宇是个非常开明的皇帝，他看到鳖相治水有功，令百姓安居乐业，便主动把王位让给他。不久，杜宇去世了，并化作杜鹃，日夜啼叫，催春降福。

看到这里，你可能会以为，杜鹃是个善良、胆小、惹人喜爱的小鸟。那你可就大错特错了，曾经有人做过一个统计，挑出了动物王国的十大欺骗高手，杜鹃名列榜首，人们认为它面目狰狞、残忍、专横，这是为什么呢？

鸠占鹊巢——亲爱的，麻烦你帮我抚育后代吧

当雌杜鹃要产蛋的时候，它们就开始在心里打起自己的小算盘了。它们从来不会为即将出世的子女操心，而是悠闲地在树林里飞来飞去。当它们发现云雀、画眉等鸟类孵蛋的巢窝时，就会在附近盘旋。一旦发现这些鸟类外出觅食，它们就会偷偷地将自己的蛋产在别人的巢窝里。这还不算完，临走之前，杜鹃鸟还会很过分地把巢主人的蛋衔走一枚。

有时候，实在找不到适合的鸟巢，它就只好暂时把自己的蛋产在一处比较安全的草丛里，然后瞅准一个空隙，将自己的蛋偷偷放进别的

封巢育儿的犀鸟

生活在亚非两洲热带丛林中的犀鸟是一种十分奇特的鸟儿，它们不仅长相奇特，而且生儿育女的方式也与众不同。每年的1~4月份，是犀鸟的繁殖期。每到这个时候，雌鸟就会钻进树洞里产下蛋，然后躲在里面孵蛋。这时候，它会把自己的排泄物堵在洞口，而雄鸟则会在外面用湿土和果实残渣等，将洞口封闭起来，只留下一个小孔。雌鸟通过这个小孔将嘴巴伸出来，接取雄鸟送来的食物。

几个月之后，当孵化的幼鸟长出羽毛，雌鸟才会破洞而出。其实，犀鸟之所以这样做，一来是可以提高巢内的温度，有助于孵化工作顺利进行，二来则有利于犀鸟母子的安全。

杜鹃蛋

小杜鹃

鸟巢里，便得意地飞走了。

奇怪的是，杜鹃产的蛋不论是大小还是颜色，都与寄主的十分相似，不要说是智商一般的鸟类，就是人类也很难用肉眼分辨清楚呢。

将蛋放到合适的巢穴中之后，杜鹃就算完成了自己的任务，接下来孵化鸟蛋、抚育后代的任务便交给"养母"来负责了。

杜鹃蛋要比云雀、画眉等的蛋孵化得快，因此杜鹃幼鸟往往是第一个破壳而出的。奇怪的是，直到这时，"养母"还没有意识到问题所在，依然会将小杜鹃当作自己的亲生孩子一样来喂养。可是小杜鹃却一点儿也不领情，它一出世就继承了父母性情暴躁的特点，喜欢在窝里横行霸道，这样一来，那些还未出世的"异类弟妹"就倒大霉了，有的被它撞得东倒西歪，影响了正常发育；有的甚至直接被它撞到了外面，摔死在地上。当那些幸存的"异类弟妹"破壳而出之后，小杜鹃又开始与它们争夺食物。

在小杜鹃还不会飞翔和独立觅食之前，它的养母会一直辛苦地给它带回小虫子之类的食物，而等它羽毛丰满时，它就拍拍翅膀，唱着"布谷布谷"的歌声，大摇大摆地飞走了，永远不会再回来看看自己的养父母。唉，一个狠心抛弃孩子的亲妈，再加一个不报答养育之恩的养子，难怪杜鹃的名声会这么差呢！

在澳大利亚辽阔的草原上，有两只高大的袋鼠正在嬉戏打闹。奇怪的是，其中一只袋鼠的肚子上竟然有一个类似布袋的东西在晃个不停，而另一只袋鼠的肚皮则很平坦，什么都没有。仔细一看，"布袋"里居然还有一只可爱的小袋鼠，它正从里面探出脑袋，好奇地打量着外面的世界！

哈，那个带有"布袋"的肯定就是袋鼠妈妈了，而没有"布袋"的则是袋鼠爸爸。只是，袋鼠妈妈这么一直带着小袋鼠到处走动，一定很辛苦吧。

袋鼠
快回到袋子里

强劲有力的后腿

袋鼠的尾巴能在袋鼠休息时支持身体

青草：袋鼠的食物

育儿袋

跳远冠军，最远可跳 13 米

跳跃时尾巴用来保持平衡

未发育成熟就出生的小袋鼠

袋鼠是原产自澳大利亚大陆和巴布亚新几内亚部分地区的哺乳动物，在澳大利亚的丛林中和草原上，经常能看到袋鼠的身影。袋鼠是食草类动物，主要以青草和树叶为食。

所有的袋鼠，不管它们的身形有多大，都有一个共同点：长长的后腿强健而有力，十分善于跳跃。它们通常会抬起前腿，用强健有力的后腿跳跃前进。据统计，袋鼠最高可跳 4 米，最远可跳 13 米，可以说是哺乳动物当中跳得最高最远的。

袋鼠的身后拖着一条又粗又长的尾巴，在跳跃的时候它们用尾巴来保持平衡，而当它们缓慢走动时，尾巴则可作为第五条腿。袋鼠的尾巴既能在袋鼠休息时支撑袋鼠的身体，又能在袋鼠跳跃时帮助袋鼠跳得更快更远。

袋鼠跟其他的哺乳动物不同，它们没有胎盘。胎盘的作用是把营养物质和氧气传递给胚胎，然后再接收胚胎产生的废物。雌性哺乳动物能在体内孕育后代，主要就是胎盘的功劳。袋鼠没有胎盘，那它们是怎么孕育后代的呢？其实它们也是在体内孕育后代的，只不过它们的孕期很短，只有一个月的时间，因此小袋鼠并没有发育成熟。刚刚出生的小袋鼠只有 3 厘米长，还不到 3 克重，眼、耳和后腿等器官也都还未发育完全，只有鼻子和前腿发育成熟了。这样一来，袋鼠妈妈只能将刚刚出生的小袋鼠放进贴身的育儿袋里。

尚未发育完全

加油啊，孩子！

育儿袋里的乳头

袋鼠妈妈为新生儿舔开的路径

3厘米，不到3克

寻找母乳的"漫长"旅程

小袋鼠刚生下来的时候，一副柔柔弱弱的样子，让人很难相信能够养活。

不过，袋鼠妈妈有的是耐心和办法。小袋鼠出生之后，袋鼠妈妈就会将脐带咬断，再用舌头把自己腹部的毛舔湿，分开，为新生的小袋鼠铺好了一条通往育儿袋的道路。此时的小袋鼠眼睛还没有睁开，它们只能凭借本能顺着母亲的尾巴爬进育儿袋。

但是，对于刚出生的小袋鼠来说，爬进妈妈的育儿袋可不是一件简单的事情。因此，也有一些小袋鼠会因为爬不到育儿袋而夭折。

袋鼠妈妈的育儿袋是小袋鼠最温暖的摇篮，育儿袋里面有四个乳头，小袋鼠们就是在育儿袋里被抚养长大的，直到它们能够在外部世界生存才会从育儿袋中爬出。尽管袋鼠妈妈没有胎盘，但是育儿袋在一定程度上弥补了没有胎盘的缺失，让小袋鼠能够顺利长大。

育儿袋里的幸福生活

刚出生的小袋鼠历尽了千辛万苦，终于爬到了妈妈的育儿袋里。当小袋鼠咬住育儿袋里的乳头时，袋鼠妈妈的乳头就会膨胀开来，方便小袋鼠含住。而且，此时乳头会自动分泌乳汁，以免刚出生的小袋鼠没有力气吮吸。哎呀，袋鼠妈妈的育儿袋真是十分"人性化"呢！

小袋鼠长到四五个月的时候，全身的毛长齐了，各个器官也渐渐地发育成熟了，此时，小袋鼠就会从育儿袋里探出脑袋来观察这个新奇的世界。小袋鼠在育儿袋里长到七个月以后，开始跳出袋外来活动。可是一旦它们受到惊吓，就会立即钻回到育儿袋里去。这时候的育儿袋也变得像橡皮袋似的，很有弹性，能拉开、合拢，小袋鼠出出进进很方便。

边玩边学吧！

动物们奇特的教育方式

妈妈，我再也不敢了。

鲸——游戏中学习本领

在鲸鱼年幼的时候，它们会像演杂技似的在母鲸周围团团转，它会掠过母鲸的尾部，倒立于水中，或者用自己的尾部拍击水面。事实上，小鲸鱼通过嬉戏玩耍，逐渐地学会了在碧波万顷的大海中载沉载浮，活跃非凡。

狮子——实战中增长才干

母狮子会时常为孩子们安排实战来锻炼它们，比如当它发现羚羊的时候，会率先打头阵，突然跳出去，用前脚把羚羊的后腿踢开，使对方倒在地上；紧接着，母狮便牢牢地咬住羚羊的咽喉，让孩子们一拥而上，轮番向羚羊的咽喉和脑袋猛扑过去；羚羊被咬死后，母狮就撕开羚羊的肚子，教孩子们怎样，小狮子逐渐学

大象——循循善诱与严格要求

母象在搬运木材时，身旁的小象也会模仿着干些轻便活，如用长鼻子帮助母象推木料。小象稍长大些后，会用粗大的鼻子卷起木梢拖动，甚至把木头举着走。有时，小象会贪玩，不专心工作。对此，母象绝不姑息，它把长鼻子当成"教鞭"，揍小象几下子，接受了教训的小象便继续专心致志、卖力地干活了。

样把肠子和其他内脏器官弄出来。就这会了猎取食物。

孩子们，死死地咬住它的喉咙。

随着小袋鼠渐渐地长大，大到育儿袋再也装不下它了，它只好搬到袋外来住，但是它还得靠吃妈妈的奶过日子呢，于是你就会看到这样一个奇特的现象：一只半大的袋鼠将脑袋伸进育儿袋里面去吃奶。

出生后的小袋鼠要经过三四年才能发育成熟，成长为身高 1.6 米、体重 100 多千克的大袋鼠。这时候，它的体力也发展到了顶点，每小时能跳走 65 千米路；它那强有力的大尾巴一扫，足以置人于死地呢！

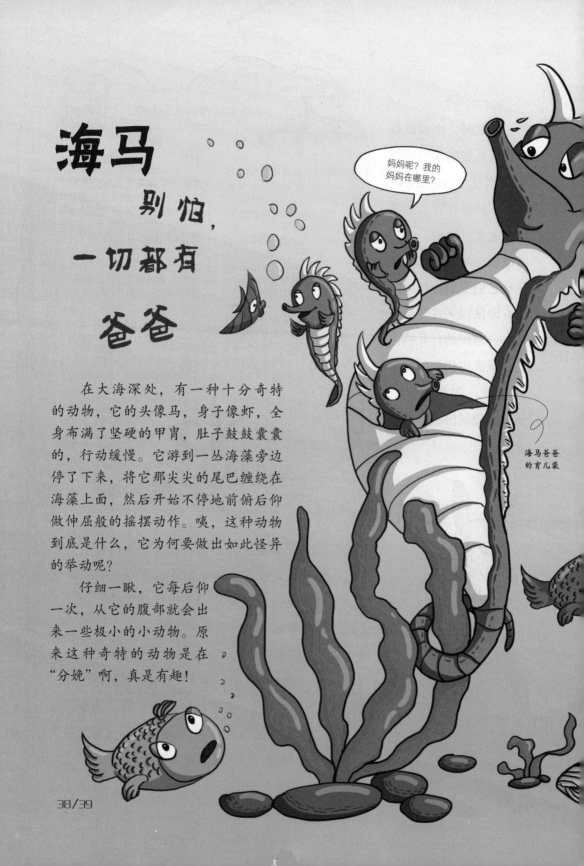

海马
别怕，
一切都有
爸爸

妈妈呢？我的妈妈在哪里？

海马爸爸的育儿袋

在大海深处，有一种十分奇特的动物，它的头像马，身子像虾，全身布满了坚硬的甲胄，肚子鼓鼓囊囊的，行动缓慢。它游到一丛海藻旁边停了下来，将它那尖尖的尾巴缠绕在海藻上面，然后开始不停地前俯后仰做伸屈般的摇摆动作。咦，这种动物到底是什么，它为何要做出如此怪异的举动呢？

仔细一瞅，它每后仰一次，从它的腹部就会出来一些极小的小动物。原来这种奇特的动物是在"分娩"啊，真是有趣！

小得可怜的马儿

海马，光是听名字，很多人都认为它是一种生活在大海里的马，应该是一个庞然大物吧。如果你这么想，那就大错特错了！海马除了头部像马之外，真是没有一点可以称得上是"马"的地方，最大的海马体长也只有30多厘米，和马比起来简直小得可怜。只是因为它的头部与马长得一模一样，才有了"海马"这个响亮的名字。

严格说起来，海马是一种奇特而珍贵的近陆浅海小型鱼类，没错，它们其实是一种鱼。

海马的样子看起来十分奇特，它们的头与躯干成直角，胸腹部凸出，尾巴又细又长，呈卷曲状，方便随时缠附在海藻的茎枝上，它们的嘴巴像一根尖尖长长的吸管，无法张开，只能吸食水中的微小生物。海马的眼睛也十分独特，可以分别向上下、左右或前后转动，这是因为海马没有脖子，脑袋不能自由转动，只能依靠伶俐的眼睛观察海底世界，有时候甚至可以一只眼向前看，另一只眼向后看，够神奇的吧！

这些还不算什么，最最奇怪的要数海马的游泳姿势了，它们竟然是垂直游泳的，这真令人难以想象啊！水中的海马整个头部向上直立着，完全依靠背鳍和胸鳍的快速摆动来缓慢地游动。或许知道自己游得太慢，海马有时索性以卷曲的尾部缠着漂浮的海藻随波逐流。

我可是名副其实的眼观六路噢！

体长30厘米

直角

爸爸也能生孩子？

海马爸爸奇怪的育儿袋

大多数的动物都是由妈妈来孕育后代的，但是海马却是由爸爸来生儿育女、繁衍后代的。这究竟是怎么回事呢？

海马生养宝宝可谓是"独门绝技"，雄海马在准备做父亲之前，尾部腹面会逐渐长出一个透明的囊状物——"孵卵囊"，这是一种奇怪的育儿袋。

动物界一般都是雄性负责找寻食物，雌性负责繁衍宝宝，但在海马的世界里则完全颠倒了。每年春夏交接的时候，雌雄海马在水中相互追逐，寻找自己的另一半，当两只海马两情相悦之时，它们的尾部就会缠在一起，雌海马会把卵子排到雄海马的育儿袋中，待雄海马令卵子受精以后，育儿袋就会自动闭合起来。此后，雄海马就成了"妈妈"，肩负起了孕育后代的责任。

海马爸爸的育儿袋的内皮层有很多血管网，可以提供胚胎发育所需要的营养和氧气，保证受精卵能够顺利地孕育成小海马。

海马爸爸生宝宝

"胎儿"在海马爸爸的育儿袋里经过 20 天左右的"孕期"，小海马便发育成熟了。这时候，雄海马的肚子已经变得很大啦，它们就该准备"分娩"了：只见疲惫不堪的雄海马用它那能卷曲的尾巴，缠绕在海藻上，依靠肌肉的收缩，不停地前俯后仰做伸屈般的摇摆动作，每向后仰一次，育儿袋的袋口就打开一次，小海马于是一尾接一尾地被弹了出来。

刚刚出生的小海马个头还不到10毫米呢！三个月后，它们能够长到110毫米，五个月之后，它们终于"长大成人"，像一匹匹马了。

动物界的模范父亲

刺鱼

在北半球的水域里，生活着一种拥有特殊生殖本领的鱼类——刺鱼。它们会在水里建造形似鸟窝的巢，这项工作是由雄刺鱼来承担的。当它们建好爱巢之后，就会设法引诱更多的雌刺鱼进巢产卵，并在巢中射精。当受精卵铺满巢底之后，雄刺鱼便会日夜守护在巢边，直到受精卵全部孵化出来，小刺鱼能够独立生活，它才会离开"爱巢"。

帝企鹅

帝企鹅生活在严寒的南极冰原，在繁殖季节，雌性企鹅产蛋后就会迅速离开，到海里觅食，而孵蛋的重任便落到了雄企鹅的肩上——准确地说是脚上。雄企鹅把蛋放在生有厚蹼的双脚上，蹲下身躯，用自己身躯的温暖和绒羽进行艰苦的孵化。为了后代的生存，雄企鹅一蹲就是3个月。在此期间，不吃不喝，寸步不移，完全依靠体内脂肪的消耗来维持生命。小企鹅孵化后，雄企鹅就用食管里一个腺体分泌的奶汁喂它。当雌企鹅带着丰富的食物回来，吐给小企鹅吃时，雄企鹅才离开，去海里为自己寻找食物。

美洲鸵

美洲鸵是南美洲一种不会飞的大鸟。每到交配季节，雄性美洲鸵都会筑一个巢，邀请多达15只"后宫"成员来产蛋。之后，雌性便会离开，而雄性就会留下来孵蛋，要知道，那些蛋可能多达50枚呢！在之后长达6周的时间里，雄性美洲鸵很少会离开鸟巢，直到小鸟出生。之后，它会抚养孵化的小鸟，积极地保护它们，并攻击任何过于接近幼鸟的动物——甚至包括雌性美洲鸵。

大角猫头鹰

大角猫头鹰是北非和南非最常见的猫头鹰，也是最勤劳的伴侣和父亲。冬末，雌性猫头鹰拥着两三只卵卧在巢中，雄性猫头鹰则出去为它们寻找食物，把老鼠和松鼠带回巢。小猫头鹰孵出来后，它的工作就更辛苦了——它必须多喂两三张嘴。

海象
我的牙齿 能 走路

　　在北冰洋附近的冰面上，一头雌海象带着一头小海象在冰面上嬉戏玩闹，小海象的个头看上去比"妈妈"小了许多。"妈妈"有时用前鳍抱着小海象，有时让小海象骑在自己背上，娘俩玩得十分开心。这时，远处传来了一阵怒吼，原来是前方来了敌人。雌海象赶快把小海象放在自己的背上，接着用尖尖的獠牙勾住冰面，带动它那庞大的身躯迅速地向海象群的方向移动。

　　天哪，海象的牙齿竟然是用来走路的？！

粗糙的皮肤

牙齿也能用来走路哦！

生活在北半球的"土著"居民

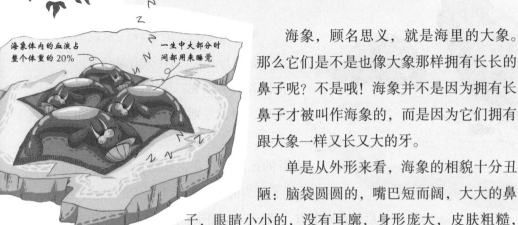

海象体内的血液占整个体重的20%

一生中大部分时间都用来睡觉

海象，顾名思义，就是海里的大象。那么它们是不是也像大象那样拥有长长的鼻子呢？不是哦！海象并不是因为拥有长鼻子才被叫作海象的，而是因为它们拥有跟大象一样又长又大的牙。

单是从外形来看，海象的相貌十分丑陋：脑袋圆圆的，嘴巴短而阔，大大的鼻子，眼睛小小的，没有耳廓，身形庞大，皮肤粗糙，像老树皮一样，最引人注目的就是它那一对巨大的长牙。虽然海象的相貌丑陋，但通常还是比较友善的，只有在受到骚扰的时候才会怒吼、咆哮。

海象终生都生活在北极圈内，因而有北半球"土著"居民之称。

海象看上去样子十分笨拙，但是它们在水里行动起来十分敏捷。它们可以不停地游泳，像软式飞艇那样从容不迫地向前滑行，在锯齿状岩石附近汹涌的波涛中安全地游来游去。此外，海象还是最出色的潜水能手呢。海象在潜入海底后，可在水下滞留2小时，一旦需要新鲜空气，只需3分钟就能浮出水面，而且无须减压过程。海象之所以拥有这一特殊本领，主要得益于它们体内丰富的血液，海象体内的血液占整个体重的20%，而人类的血液仅占体重的7%。

海象天生喜欢群居，它们常常数千头簇拥在一起。每年夏季，它们便会成群结队游到大陆和岛屿的岸边，或者爬到大块冰山上晒晒太阳。海象的视力很差，两只小眼睛眯缝着，像极了缺乏活力的老头子。不仅如此，海象还十分喜欢睡懒觉，它们一生中大部分时间都是在睡眠中度过的。

用牙齿"走路"的海象

海象的学名，若直译过来就是"用牙一起步行者"，为什么海象会有这样一个怪异的名称呢？原来，海象的四肢非常短，而獠牙则很长，当它在冰面上行走时，由于四肢无法支撑庞大的身躯在光滑的冰面上行走，此时，它就必须依靠这对长牙了。当海象在冰面上行走的时候，会将后肢弯向前方，獠牙一边刺向面前的坚冰，一边支撑着身体前进。这时候，从獠牙所起的作用来看，它们就相当于是海象的"第五只脚"。

不论雄雌，海象都长有獠牙，只不过，雄海象的獠牙比较粗、长、直，横切面呈圆形，而雌海象的獠牙则比较细、短、弯，横切面呈椭圆形。

用途广泛的獠牙

当然了，海象的獠牙不仅仅是用来走路的，它们还担负着很多重任，如寻找食物或争斗等。

当海象潜入海底觅食时，它会用坚硬的獠牙不断地挖掘泥沙，找出那

些潜藏在泥沙中的软体动物和其他海洋动物。当两头雄海象为了争夺配偶而互不相让时，獠牙又派上用场了。它们会挥舞着利剑般的獠牙互相攻击，直到一方获胜。尽管海象会为了争夺配偶而大打出手，但你要是就此认为海象是十分凶残的动物那可就错了。

其实海象还是很绅士的，它们不会真的要争个你死我活，一旦其中一方被刺中一下之后，它们就会马上表示臣服，放弃争斗。而获胜的一方也不会赶尽杀绝，一旦获胜就会满意而归。

除此之外，獠牙还是海象防御外敌强有力的武器。每当有外敌来袭时，海象就会将长长的獠牙对准对手，只等对手一发动进攻就在它们身上刺出两个血窟窿来。不过遗憾的是，海象通常等不到这样的机会，因为对手一旦看到海象长长的獠牙，早就吓得魂飞魄散，逃之夭夭了。

厚厚的脂肪

海象可以三个月不吃东西

海象是肉食性哺乳动物，当它们潜入海底觅食时，巨大的牙齿被运用得心应手，它们用长牙不断地翻掘泥沙，同时，敏感的嘴唇和触须也会随之探测、辨别，一旦碰到食物，海象便会用牙齿将其喜食的乌蛤、油螺等的壳咬破，然后将其肉体吃掉。每次潜入海底觅食，海象都会在吃掉足够的鱼儿和贝类之后才爬到岸上。这样一来，它便可以三个月不吃东西，而专心地寻找配偶。

但是，海象的身躯那么庞大，它要是三个月不吃东西，胃能受得了吗？据说，当海象吃下足够多的食物之后，体内就会积累很多的脂肪，坚持几个月完全没有问题，所以你就不用担心啦。

鱼儿生活在水里是天经地义的事情，因为它们一旦离开了水就会死掉。可是你看，一场大雨过后，竟然有一条鱼不知死活地从池塘里跳了出来，还爬到了树上。难不成这条鱼儿有什么烦心事，想不开要自寻短见？或是贪看树上的风景，连死都不怕了？先别忙着惊讶，更奇怪的事情还在后面呢。一会儿之后，竟然又有十多条鱼爬上了岸，争先恐后地往树上爬。天啊，这到底是发生了什么事情，难道这群鱼儿要集体自杀不成？

攀鲈鱼

想到树上看风景

在河里待久了，到树上看看风景吧！

加油，快到了！

水里太闷了，到树上看看风景吧

人所共知，鱼儿离不开水。但是在我国福建、广东和一些热带、亚热带地区的湖沼河沟中，生活着一种小小的鱼类，它们经常成群结队离开河水，经过田野到树丛里去寻找最爱吃的昆虫。假如树丛里有成群结队的小昆虫，它们便会一扭一扭地爬到树上，待它们一个个吃得肚子鼓鼓的，才会心满意足地爬回小河里。

听起来很像是在讲故事呢，的确，这种鱼儿是够神奇的，它们不但能够离开水生活，而且还会爬树。但是世界这么大，无奇不有，这群会爬树的鱼儿是真实存在的，它们便是有名的攀鲈鱼。

攀鲈鱼可是我们亚洲特有的鱼类哦，原产于中国、马来西亚等国家。它们喜欢在大雨之后离开其所生活的河流，到陆地上透透气，有的时候，它们还会调皮地爬到树上去，看看远方的风景，没准会思考一下自己的鱼生什么的。

拥有秘密武器的攀鲈鱼

作为鱼类，攀鲈鱼为什么能离开水而生活呢，莫非它们有什么特殊的本领？

嘿嘿，你还真是够聪明的，攀鲈鱼的确跟其他的鱼类不太一样，在攀鲈鱼的鳃边，附生着两个像木耳一样的褶皱状的副呼吸器，叫作"鳃上器"，里

钩刺

面布满了毛细血管。空气中的氧气可以通过毛细血管进入到血液中，鱼体内的二氧化碳则可以通过这些毛细血管排出体外。神奇的鳃上器能够帮助攀鲈鱼在较为湿润的土壤中生存，不仅如此，即使离开水，攀鲈鱼也能生活较长时间呢！

不过，鳃上器只能保证攀鲈鱼离开水之后能够存活下去，那么它是如何爬到树上去的呢？

两栖动物的典型代表

在自然界，生存着不少像攀鲈鱼那样的两栖动物，它们是最原始的陆生脊椎动物，既能在陆地上生活，又有从鱼类祖先那里继承下来的适应水生生活的性状。与动物界中其他种类相比，现存的两栖动物种较少，目前正式被确认的种类有4000多种，分为无足目、无尾目和有尾目三目。

无足目代表——蚓螈

蚓螈完全没有四肢，是现存唯一完全没有四肢的两栖动物，也基本无尾或仅有极短的尾。蚓螈身上有很多环褶，看起来跟蚯蚓很像，它们大多也像蚯蚓一样生活在湿润的土壤当中。蚓螈是食肉性的动物，以捕食土壤中的蚯蚓和昆虫为生。

有尾目代表——中国大鲵

中国大鲵是生活在淡水中的两栖动物，是现存两栖类当中体型最大的一种，一般身长约60~70厘米，大的可长达1.8米。中国大鲵的身体扁而粗壮，尾巴短而侧扁，四肢很短。因叫声像婴儿啼哭，故又名"娃娃鱼"，但实际上它们并不是鱼类，而是两栖动物。

无尾目代表——青蛙

青蛙是两栖类动物中无尾目的典型代表。青蛙的成体无尾，卵产在水中，通过体外受精，卵孵化成蝌蚪后用鳃呼吸。经过变态，成体主要用肺呼吸，兼用皮肤呼吸。青蛙体形苗条，善于游泳。但是其颈部不明显，也没有肋骨。由于其前肢的尺骨与桡骨愈合，后肢的胫骨与腓骨愈合，因此其爪不能灵活转动，但四肢肌肉十分发达。

你们快点啊！

嗯，来了！

青蛙

蚓螈

大鲵

原来，在攀鲈鱼头部沿鳃盖的下半部，生长着一排发达的棘刺，而它的背鳍、胸鳍和臀鳍也很发达，上面具有坚硬的钩刺。利用这些特殊的器官，攀鲈鱼不仅能够在淤泥中度日，还能干脆离开水，寻找新的栖身之地呢。攀鲈鱼行走的姿势跟海豹很像，它们用胸鳍支撑躯体，左右摆动尾鳍，然后慢慢地向前挪动。

攀鲈鱼的食谱

缘木求鱼

攀鲈鱼一般以小鱼、小虾、浮游动物、昆虫及其幼虫等为食。为了捕食空中的昆虫，它们常常攀爬上岸边的树丛。

"缘木求鱼"这个成语是讽刺人们爬到树上去找鱼，是在干傻事。但是，看过了有关攀鲈鱼的介绍，你还认为树上找不到鱼吗？

树挪死，鱼挪活

攀鲈鱼经常成群结队地在一起生活，十分团结，如果有别的鱼类胆敢欺负其中任何一条攀鲈鱼，其他的攀鲈鱼便会群起而攻之，义无反顾地为朋友出头，是不是很讲"义气"呢？

攀鲈鱼对水质的要求很低，虽然是淡水鱼类，但是它们既能生活在淡水环境中，也能生活在咸水环境中。野外生存的攀鲈鱼喜欢居住在水流较为缓慢的、淤泥多的水塘里面，要是不注意观察还不容易发现它们呢。

攀鲈鱼具有十分顽强的生命力，当生活的环境被污染，水质变质发臭，其他鱼类都无法生存、相继死亡时，它们却依然可以顽强地活着。虽然攀鲈鱼具有顽强的生命力，但是它们也不喜欢生活在受污染的水里，一旦有了合适的时机，它们就会"搬家"。每当下过大雨，水位上涨后，鱼儿们就会时而摆动鳃盖和胸鳍，时而翻滚着前进，以顽强的毅力和坚忍不拔的精神爬上河岸，穿越坡地，去寻找适宜它们生活的新家园。

亚马孙流域上游的一条河流中，杂草丛生，一队前来探险的西班牙人准备渡河，可是帮忙搬行李的印第安人面露惧色，拒绝蹚水过去。西班牙人十分不解，于是他们径直走进了水塘，准备给印第安人做个榜样。谁料第一个下水的人没走几步，竟然大叫一声，然后便直挺挺地倒下了。这可把岸上的西班牙人吓坏了，他们连忙下去准备把同伴给救上来，谁知，下去救人的两个人竟然也没能幸免，同样直挺挺地倒在了水塘里。

　　这下西班牙人彻底慌了，到底发生了什么事情呢？

昼伏夜出的"睁眼瞎"

虽然我的视力不好，但是这并不影响我的生活。

电脉冲

原来，水底潜伏着一条体长约 1.5 ~ 2 米，重约 20 千克的电鳗，电鳗放电将下水的西班牙人给击晕了。

天啊，世界上竟然有能放电的鱼？！

电鳗是一种生活在南美洲的亚马孙流域以及奥里诺科流域的淡水鱼，电鳗虽然名字里面有一个鳗字，却不是真正的鳗类，在生物分类上电鳗与鲇鱼更为接近，皆属于骨鳔总目。

电鳗体形修长，浑身呈圆柱形，它们身上没有鳞片，身后拖着一条长长的尾巴，占全身体长的近 4/5。电鳗的尾鳍和背鳍已经退化了，但是在尾巴上有一个长形的臀鳍，它们就是依靠臀鳍的摆动来游动的。

电鳗行动迟缓，喜欢在缓缓流动的河底潜伏，偶尔会浮上水面透透气。不仅如此，电鳗还是一个标准的夜猫子呢，它们喜欢昼伏夜出。由于电鳗长期生活在浑浊的泥水里，它们的眼睛逐渐地发生了退化，变成了名副其实的"睁眼瞎"。不过你可不用担心它们因为看不见就会横冲直撞或者被饿死，电鳗并不是依靠眼睛来探路和捕食的哦，它们是依靠体内的"电脉冲"来探路和捕食的。

背鳍已经退化

尾鳍已经退化

身上没有鳞片

长形臀鳍

水中的"高压线"

别看电鳗其貌不扬，它可是淡水鱼类中放电能力最强的，号称"活体发电机"。人们通过研究发现，电鳗输出的电压在 300 ~ 800 伏，足以使人致命。假如你一不小心触及电鳗放出的电，那你极有可能会被击晕，甚至会因此而溺毙在河流中。听上去很恐怖对不对？也正因为如此，电鳗便有了水中"高压线"的称号。

那么，电鳗是如何放电的呢？原来，电鳗特异的放电能力来自它特化的肌肉组织所构成的放电体。电鳗的肛门位于鳃盖下方，其后的肌肉组织几乎都能放电，也就是说，电鳗能够放电的肌肉组织占其身长的 80% 以上。一条电鳗身上有数以千计的放电体，每个放电体约可制造 0.15 伏特的电压，而当数千个放电体一起全力放电时的电压便高达 300 ~ 800 伏。有人计算过，把 1 万条电鳗的电能聚集在一起的话，足以让一列电力机车运行好几分钟呢。

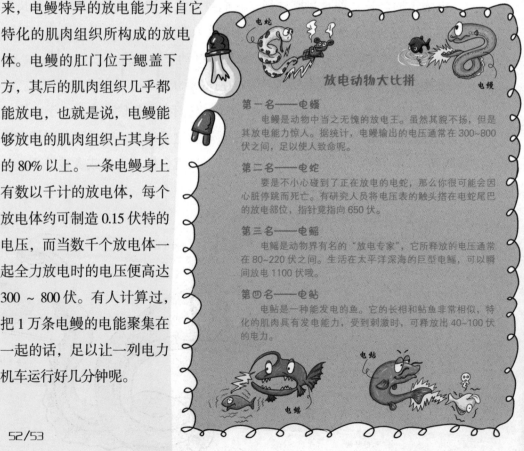

放电动物大比拼

第一名——电鳗

电鳗是动物中当之无愧的放电王。虽然其貌不扬，但是其放电能力惊人。据统计，电鳗输出的电压通常在 300~800 伏之间，足以使人致命呢。

第二名——电蛇

要是不小心碰到了正在放电的电蛇，那你很可能会因心脏停跳而死亡。有研究人员将电压表的触头搭在电蛇尾巴的放电部位，指针竟指向 650 伏。

第三名——电鳐

电鳐是动物界有名的"放电专家"，它所释放的电压通常在 80~220 伏之间。生活在太平洋深海的巨型电鳐，可以瞬间放电 1100 伏哦。

第四名——电鲇

电鲇是一种能发电的鱼。它的长相和鲇鱼非常相似，特化的肌肉具有发电能力，受到刺激时，可释放出 40~100 伏的电力。

放电是为了生存

电鳗为什么会放电呢？难道是为了耍酷？当然不是啦！电鳗放电主要是出于生存的需要。电鳗要捕获其他鱼类和水生生物，放电就是其获取猎物的一种手段。电鳗所释放的电量，能够轻而易举地把比它小的动物击毙，甚至比它大的动物也难逃一劫。不过，电鳗所释放的高电压只能持续很短的时间，而且也无法持续放电。电鳗每放一次电后，大概要经过一昼夜的时间才能继续放电，而且随着年龄的增长，其放电能力也会渐渐退化。每次要放出什么程度的电力，电鳗能够控制自如，假如它放出的电力很低，那么极有可能是在警告或试探。

你或许会有这样的疑问，电鳗放电会电到自己或同类吗？不会！因为电鳗体内的脂肪组织有很好的绝缘作用，而且电鳗本身已经适应了微弱的带电环境。

尽管电鳗是在夜里活动的，但是它根本就不愁吃的，只要发现周围有鱼群，它们就会急速放电，刹那间，水中的小鱼小虾以及青蛙之类的"水产品"便会一个个翻着白眼、肚皮朝上，一命呜呼了。这时，电鳗便会拖着长长的尾巴，去大口地吞食那些倒霉蛋。

剑鱼

巴尔巴拉

随身携带 利剑

　　第二次世界大战时期，英国的一艘油船"巴尔巴拉"号在大西洋上航行，突然船员们看到远处有一个细长的黑东西，正在飞快地向油船扑来。紧接着，海水从一个大窟窿涌进了船舱。到底发生了什么事情？难道油船遭到了鱼雷的袭击？不是的！原来，袭击油船的不是鱼雷，而是剑鱼。剑鱼用它那上颌突出的锐利的"剑"穿透了船舷……最后，剑鱼还没来得及拔出长"剑"，便乖乖地做了俘虏。可是，剑鱼为什么这么爱舞"剑"呢？

随身携带"武器"的剑鱼

在大西洋、印度洋和太平洋里，生活着一种很奇特的鱼，它们的身体呈梭形，背部是深褐色的，腹部银灰色，长 4 ~ 5 米，有的长达 6 米，最奇特的要数它们的上颌了，又尖又长，像一把锋利的宝剑，直伸向前方。由于其上颌呈剑状，于是人们便给它取了一个很形象的名字——剑鱼。

剑鱼是一种性情十分凶猛的海洋生物，被称为食肉性"鱼霸"。它们活跃在上中水层，当它们游动的时候，常常会将头和背鳍露出水面，用宝剑般的上颌劈水前进。

曾有一本杂志刊载了一份"海中动物的速度比较表"。其中鲸类：鳁鲸 55 千米／时，长须鲸 50 千米／时，虎鲸 65 千米／时，抹香鲸 22 千米／时；鳍脚类动物：海狗 35 千米／时，海象 18 ~ 20 千米／时；鱼类：剑鱼 130 千米／时，旗鱼 120 千米／时，飞鱼 65 千米／时，鲨鱼 40 千米／时；头足类：枪乌贼 41 千米／时，金乌贼 26 千米／时，短蛸 15 千米／时。

从这份统计中我们可以看出，剑鱼是海洋动物中游速最快的。剑鱼为什么会游得那么快呢？这跟它的体形有着密切的关系。它拥有一个十分典型的流线型身体，体表光滑，上颌长而尖，尾柄强壮有力，能产生巨大的推动力。当它飞速向前游泳时，长矛般的长颌起着劈水前进的作用。因为剑鱼游起来像离弦之箭，因而也有"箭鱼"这个称谓。

剑鱼为什么爱舞"剑"

剑鱼为什么那么热衷舞"剑"呢？其实，剑鱼"舞剑"是醉翁之意不在酒——在"鱼"呀！每当剑鱼看到有鱼群的时候，它就会冲着鱼群猛冲过去，在鱼群中横冲直撞，许多鱼儿就会被它的利剑刺伤或撞死，之后，剑鱼就可以慢慢享用丰盛的美味了。严格说起来，"舞剑"是剑鱼获得食物的一种方法。当然了，除了获取食物，"舞剑"也可以用来自卫。每当别的鱼类看到剑鱼在舞弄吻前的长剑，都会吓得溜之大吉，就连虎鲸、食人鲨看到剑鱼也会退避三舍呢。

不过呢，剑鱼虽然十分凶猛，但是生性胆怯、怕惊，它们常常会避开其他的大型鱼类。然而，一旦它们被激怒了，那就不得了了，它们会向那些大型鱼类或船只猛烈地冲过去，与之拼个你死我活。

爱攻击船只的剑鱼

剑鱼最令人奇怪也最令人头疼的举动，是它们常常会对海上的船只发起攻击。早在1886年11月，美国的一艘快速帆船在从科伦坡驶往伦敦的途中，船员们钓到了一条剑鱼，不料，这条狂怒的剑鱼猛烈地冲撞船只，竟然将用铜板包着的船壳撞破了，最终导致船舱进水沉没。

哼，我的冲击力是你的15倍！

快避开！

由于剑鱼强大的冲击力而导致船毁货失的例子屡见不鲜。剑鱼可以从船底的一侧冲进，从另一侧冲出，使船上出现两个窟窿。据测算，剑鱼在攻击船只时剑尖上所凝聚的冲击力，相当于铁锤敲击物体时所产生打击力的15倍，力量十分惊人。

只是到目前为止，人们还是没有弄明白剑鱼为什么会攻击船只，学术界主要有三种解释：第一种认为剑鱼的游速极快，它们在急游中来不及避开船只，所以常与船只碰撞，将利"剑"刺了进去。第二种认为剑鱼具有攻击鲸类的习性，而错把海上行驶的船只错当了鲸类，因而才会发动攻击。第三还有人认为由于海上行驶的船只干扰了剑鱼的生活，激怒了它们，所以它们会发动攻击。

不过呢，剑鱼攻击船只对它们来说并不是有利无害的，它们这样做也会给自己带来很大的麻烦，当它们长长的"利剑"刺进木船之后，往往会拔不出来，要想恢复自由，除非折断吻部。

千奇百怪的攻击和防御方式

臭鼬——放屁大王

臭鼬的攻击方式很出名。如果敌人靠得太近，臭鼬就会蹲下身子，竖起尾巴，用前爪跺地发出警告。如果警告起不了作用，臭鼬便会转过身，向敌人喷出恶臭的液体。这种液体不仅十分难闻，而且一旦进入眼睛还会导致眼睛暂时失明呢。

桑得斯弓背蚁——自杀式爆炸

在马来西亚雨林中生活着一种桑得斯弓背蚁，它们的身上长着两个装满了毒液的巨大腺体。一旦被擒，它们便使劲收缩腹部，用力把体壁崩裂，将毒液喷到对方身上。为了保存群体，它们宁愿牺牲自己，充当"虫体炸弹"。

盲鳗——分泌黏液

盲鳗是一种远古鱼类，一般生活在海面100米以下，身体是白色的，牙齿是黄色的。在遇到敌手时，盲鳗的身体会分泌大量黏液，相当恶心，在敌手遇到这种黏液迷茫之时，盲鳗早已逃之夭夭。

1. 长颈鹿遇到天敌的时候，选择的唯一方式就是立即以 ____ 的速度逃命。

①40 千米 / 时　　②70 千米 / 时　　③100 千米 / 时　　④120 千米 / 时

2. 一只千足虫一次可产卵 ____ 左右。

①10 粒　　②100 粒　　③300 粒　　④500 粒

3. 眼镜猴的眼球直径有 ____ 以上，重达 3 克，比它的脑子还要重呢。

①1 厘米　　②2 厘米　　③3 厘米　　④厘米

4. 工蚁担负着 ____ 的繁重任务。

①修建巢穴、照料幼虫　　②站岗放哨、保卫家园
③产卵交配、生儿育女　　④抵御侵略、蛀蚀木材

5 "天才建筑师" 是指 ____。

①蜜蜂　　②獴　　③河狸　　④杜鹃

6. 科学家研究发现，____的建筑结构，密合度最高、所需材料最少、可使用空间最大。

① 圆形　　② 梯形　　③ 正方形　　④ 正六角形

7. ____是世界上最不称职的母亲。

① 画眉　　② 鸳鸯　　③ 杜鹃　　④ 犀鸟

8. ____是哺乳动物当中跳得最高最远的。

① 松鼠　　② 眼镜猴　　③ 袋鼠　　④ 鸵鸟

9. 电鳗是依靠 ____ 来探路和捕食的。

① 超声波　　② 电脉冲　　③ 眼睛　　④ 双鳍

10. ____是海洋动物中游速最快的。

① 剑鱼　　② 虎鲸　　③ 海狗　　④ 海象

答案：1② 2 3① 3 4① 5③ 6④ 7③ 8③ 9② 10①

动物高超的

生存绝技

在加利福尼亚海湾，一条浑身红色的鱼正在水里不紧不慢地游着，它的肚皮鼓鼓的，一看就知道它吃饱喝足了，估计这会儿正在悠闲地散步呢。其实，这条鱼有一个很好听的名字——红鳍笛鲷。这时，一条小鱼从它的面前游过，红鳍笛鲷本能地张大了嘴巴，可怜的小鱼便一命呜呼了。咦？好奇怪！红鳍笛鲷的嘴巴里怎么没有舌头呢？仔细一看，在舌头的位置，居然有一只很小的虫子。这究竟是怎么回事呢？

蛙木水虱

我是红鳍笛鲷的"舌头"

"咔嚓咔嚓"吃木头的怪虫子

原来，潜伏在红鳍笛鲷嘴里的小虫子名叫蛀木水虱，这是一种很特别的等足动物，它们属于甲壳纲动物，也就是无脊椎动物。等足类动物有很多种，包括木虱、蛀木水虱等，它们几乎都生活在水中，生活习性也跟很多其他动物差不多。但是蛀木水虱是其中很奇特的一种，它们的食谱很特别，是以水里的藻类、木头等为食的，因而人们又称之为"吃木虫"。

蛀木水虱的个头很小，成虫大概只有5毫米长；它们的身体是长圆形的，大多数都是黄白色的；在头部长有两对等长的触角。

蛀木水虱喜欢在木材里面穴居，它们的这一生活习性也对海港建筑造成了很大的危害，因为它们会在木船和码头上的木质建筑中安营扎寨，然后一点一点地啃噬木头。被它们啃噬的木质建筑就会变得脆弱不堪，稍有风吹草动便会轰然倒塌。这个小虫子还真是令人讨厌呢。

虽然蛀木水虱个头小小的，但是它们的本领可不小呢。有科学家研究发现，蛀木水虱与白蚁等其他以木材为食的动物不同，它们的体内并没有帮助其消化木质的微生物，因此它们完全是靠自己将木质纤维素分解为糖分，然后消化吸收的。科学家在它们体内发现了大量具备这种功能的酶，而有些酶在其他的动物体内从来没有发现过。嚯，真是人不可貌相啊！

可怕的"舌头"

大多数的蛀木水虱是以水里的藻类、木头为食，自力更生，但是也有一些懒鬼，它们过着寄生的生活。生活在加利福尼亚海湾和科迪兹海的蛀木水虱喜欢寄生在红鳍笛鲷的舌头上，在红鳍笛鲷的嘴里安家落户。

看了上面的介绍，你可能会撇嘴，这也没什么特别的嘛，自然界里有很多的寄生虫。咳，这看起来是没什么特别的，但是往下看你就会觉得毛骨悚然了。

那些寄生在红鳍笛鲷舌头上的蛀木水虱会用它们带钩的腿（即甲壳动物的胸部附器）紧紧抓住红鳍笛鲷的舌头，然后慢慢地、一点一点地把红鳍笛鲷的舌头给吃光。

小小的蛀木水虱居然会这么残忍啊！你一定十分好奇，蛀木水虱吃掉了红鳍笛鲷的舌头，红鳍笛鲷会不会受到影响呢，它会不会因此而死去呢？当然不会啦。当蛀木水虱吃完红鳍笛鲷的舌头之后，它们会紧紧地抓住红鳍笛鲷的舌根，取而代之，成为红鳍笛鲷的舌头，并随着它一同成长。

此后，蛀木水虱就成了红鳍笛鲷的舌头，帮着鱼儿去捕捉猎物，而它自己呢，则把红鳍笛鲷进餐时漂浮的肉粒当作美味佳肴。想一想，如果你的嘴里也有这样一条舌头……简直是太可怕了！

根据有关资料的记载，最大的蛙木水虱可以长达 39 毫米，也许它们还会继续长长，达到红鳍笛鲷舌头需要的长度呢。

奇特的寄生关系

尽管蛙木水虱的行为看起来十分疯狂，但是对于红鳍笛鲷来说结果并不算十分糟糕，因为即使舌头被蛙木水虱吃掉了，也并不妨碍红鳍笛鲷继续进食。不过有一点是十分可怕的，如果有一天寄生在红鳍笛鲷嘴里的蛙木水虱决定到别的鱼嘴里另辟新巢的话，那没有舌头的红鳍笛鲷就变得十分可怜了。

想象一下吧，一条年老体衰、被蛙木水虱抛弃了的红鳍笛鲷游弋在水里。它已经没有体力去追逐猎物了，偶尔有不走运的猎物撞到了它的嘴边，它赶紧张开了嘴——可是没有舌头……它会有多么凄惨的结局呢？

蛔虫

呀呀，又来好吃的了！

为什么我的伙食这么好，我却这么瘦？

寄生

寄生指的是两种生物在一起生活，一方受益，另一方受害的不平等关系，后者会为前者提供营养物质和居住场所。我们将前者称为寄生物，后者称为寄主。

寄生分为体内寄生和体表寄生。

体内寄生是指寄生生物寄生在寄主体内，常见的有蛔虫、丝虫、三化螟虫和一些细菌、病毒等，这些生物除了消耗寄主的营养物质以外，有些还有毒甚至破坏寄主的细胞、组织，使寄主受害生病甚至死亡。

寄生在寄主体表的称为体表寄生，代表生物是菌类、虱、跳蚤、蚜虫和红蜘蛛等。它们附着在寄主的体表，吸食寄主的营养汁液或血液，使寄主产生体表疾病甚至感染传染病。

太滑了，要掉下去了！

跳蚤

这下安全了！

吃饱了晒晒太阳可真舒服啊。

64/65

花圃里，各种各样的植物都在生机勃勃地生长。可是，一株凤仙花上竟然密密麻麻地爬满了蚜虫，它们正在贪婪地吮吸着凤仙花的汁液，一个个肚子吃得鼓囊囊的。这时，一只蚂蚁爬上了凤仙花，莫非它是来帮助凤仙花消灭蚜虫的？可是接下来发生的一幕让人大跌眼镜——蚂蚁竟然爬到蚜虫的后面，轻轻地用触角碰了一下蚜虫的屁股，一会儿之后，一滴晶莹剔透的类似露珠的东西就流了出来，蚂蚁大口吮吸着，吸完那些"露珠"，蚂蚁就爬走了。

蚂蚁和蚜虫居然能够友好相处？这究竟是怎么回事呢？

蚂蚁

蚜虫 就是 我的羊群

新牧场

出口

偷羊群

挤奶

这些没用的糖分就排出去吧。

糖分

蛋白质

美味的天降甘露

众所周知，蚜虫会危害植物，农民伯伯尤其对它们恨之入骨，恨不能将它们赶尽杀绝，但是它们深得蚂蚁的喜爱。甚至，在蚜虫遇到危险的时候，蚂蚁还会挺身而出，主动去保护它们，这是为什么呢？

原来，蚂蚁这么做是为了获得食物——蚜虫的排泄物对于蚂蚁来说可是难得的美味啊。

天啊！排泄物竟然也能吃？先别忙着恶心，对于蚂蚁来说，蚜虫的排泄物不但能吃，还是佳肴呢。蚜虫主要靠吸食植物的汁液来生存，但是它们只能吸收其中的蛋白质等养料，而那些不需要的糖分则会随着排泄物而排出体外，于是便形成了一种透明、黏稠且含有大量糖分的特殊虫尿——蜜露。我们都知道，蚂蚁十分喜欢甜食，自然，蚜虫的蜜露也就深得蚂蚁的喜爱。

由于蚜虫排出的蜜露很多，有时甚至会像下雨一般掉落，这也就是天降"甘露"了！

其实，不光蚂蚁喜欢蚜虫的排泄物，这种"甘露"也深得中国古代帝王的喜爱，甚至被视为神物，认为喝了它们不但可以延年益寿，甚至可以长生不老。很多帝王为了得到这难得的"甘露"不惜大兴土木。唉，想想，封建迷信要不得啊！

十分称职的"牧人"

怎么尽可能多地喝到甘露呢？"等、靠、要"是不行的，蚂蚁更知道没有付出就没有回报的道理。于是，它们主动担当起牧人的职责，而它们的羊群，就是蚜虫了。

别看蚂蚁的个头很小，它们这个"牧人"当得可是十分称职呢。

蚜虫有很多天敌，像瓢虫、黄蜂、蜘蛛、螳螂都想置它们于死地，但是有了蚂蚁的保护，蚜虫的危险系数就降低了很多。当蚜虫发现危险的时候，会释放出一种特殊气味的液体，向蚂蚁求助。蚂蚁一旦收到蚜虫的求救信号，就会立即赶来，张牙舞爪，上颚张开，前半身立起，作出战斗之势向蚜虫的天敌扑去，想把它们通通赶走。看到蚂蚁在，蚜虫可就高枕无忧了，摇摆着腹部，静等着危险过去。

除了帮助蚜虫赶跑敌人，如果蚜虫一不小心被大风吹到了地上，蚂蚁还会赶快跑过去，把蚜虫重新叼起来，放回到原处，而蚜虫也会配合地缩起脚来，方便蚂蚁搬运。

"牧人"的"牧场"

你可不要以为，蚂蚁只有这点"放牧"手段，它们给蚜虫提供的可是"一条龙"服务。

修建"牧场"。蚂蚁会在生有大量蚜虫的植物茎秆上抹上泥土，垒成土坝状，并在土坝两端各开一个缺口，作为出口和入口，蚜虫在里面吸食植物汁液的时候，尽职尽责的蚂蚁侍卫们便会严格把守出入口，它们倒不是担心蚜虫偷偷溜掉，而是担心别的蚁群会来抢夺它们家的"羊群"——这可不是杞人忧天，蚁群之间为了争夺蚜虫而发生战争可是屡见不鲜。

分群饲养。如果蚜虫过多，"牧场"变得过分拥挤的话，蚂蚁们就会将一部分蚜虫驱赶到新建的"牧场"，将它们分群饲养，以保证它们吃好、住好，生产出更多的蜜露。

定时"挤奶"。蚂蚁不但会"放牧"，还会"挤奶"。为了能够享用更多美食，它们经常用触角拍打蚜虫的背部，催促蚜虫分泌蜜露，而后再把蜜露小心翼翼地运回巢穴保存起来，好等到以后慢慢享用。

育种繁殖。为了能够持续不断地喝到蜜露，蚂蚁还会为培育下一代蚜虫费尽心思。秋末冬初，蚜虫开始产卵，蚂蚁害怕它们被冻死，就会把蚜虫和卵搬到蚁穴里过冬。有时怕蚜卵受潮，影响孵化，在天气晴朗的日子里，它们还会把卵搬出来晒太阳。到次年春暖花开的时候，小蚜虫孵出了，蚂蚁就把它们搬到早发的树木和杂草的嫩叶上，以便它们更好地成长，为蚂蚁王国产生更多的蜜露，供更多的蚂蚁吸食。

看看，蚂蚁这个"牧人"真的是十分专业又敬业呢！

共生的多种形式

互利共生：两种生物生活在一起，彼此有利，两者分开以后都不能独立生活。如海葵与小丑鱼之间就是互利共生。小丑鱼躲在海葵的触手之间，海葵有毒的触手，使得小丑鱼避免了被其他鱼类伤害。而小丑鱼在海葵周围及触手间活动，加强了海葵周围水的流动，能够使海葵得到更多的氧气。

偏利共生：对其中一方有利，对另一方无关紧要。如印首鱼会利用其头部的吸盘状构造，吸附在其他的鱼类表面，但是不对对方造成伤害，它们只是借助被附着的个体的活动而在水中"行走"。

原始协作：两种能独立生存的生物间的协作关系，它对双方都有利。如鸵鸟视觉敏锐，斑马嗅觉灵敏，它们常生活在一起，对发现天敌有利。

驼鸟　斑马　海葵　印首鱼　小丑鱼

天气真好，给你们晒晒太阳吧！

牙签鸟

我给 鳄鱼 剔剔牙

热带的沼泽中，一条大鳄鱼在饱餐一顿之后正懒洋洋地晒太阳呢！咦，竟然有一只小鸟落在了鳄鱼的背上，然后它又蹦蹦跳跳地来到了鳄鱼半张的血盆大口里，在里面停留了好一会儿。天哪，这只小鸟胆子也太大了吧！它们竟然敢跑进鳄鱼的嘴巴里，难道不怕鳄鱼把它们一口吞下肚吗？

小鸟当"牙签"

刚刚那只不知死活的小鸟便是牙签鸟，是一种体型非常小的鸟，其貌不扬，外表灰扑扑的。只是牙签鸟的胆子为什么那么大，它们不怕鳄鱼吗？

说起来，牙签鸟和鳄鱼可是好朋友呢，既然是好朋友，鳄鱼当然不会伤害牙签鸟了。只是，鳄鱼为什么会跟小鸟做朋友呢，莫非这种小鸟具有什么特殊功能？嘿嘿，算你猜对了，牙签鸟是专门替鳄鱼清理口腔的，它最大的特点就是长了一个细细长长的嘴巴。鳄鱼吃东西之后，牙缝里很容易嵌进肉屑残质，而肉屑又会慢慢地腐败生蛆，伤害鳄鱼的牙齿。所以它们亟需专属的"牙签"来帮助它们剔牙，而这种专属"牙签"就是牙签鸟。

当然，牙签鸟并不是出于"人道主义"援助精神，义务为鳄鱼剔牙的，鳄鱼牙缝中的残羹冷炙，正是牙签鸟的最佳食品。走进鳄鱼的嘴巴，去啄食这些食物，既填饱了自己的肚子，也帮鳄鱼清理了口腔，还显得很"酷"，真是一举多得呢！

可怕的家伙有时也很温柔

我们都知道，鳄鱼十分凶残，它们动不动就张开血盆大口，露出一颗颗尖尖的牙齿，将伏在水边喝水的动物拖下水去吃掉，一副"敢惹我就弄死你"的吓人模样，可是鳄鱼对牙签鸟的态度真是好得出奇。

奇妙的共生动物

犀牛与犀牛鸟和平共处

犀牛是陆生动物当中最强壮和体型最大的动物之一，当它们发脾气的时候，就连大象也要躲得远远的呢。但是，它们对犀牛鸟十分温柔。这是因为犀牛鸟能够帮它们啄食那些藏在皮肤褶皱里面的害虫，作为自己的主要食物。而且，犀牛鸟还充当了警卫的角色，当有敌害偷偷地向犀牛发动袭击时，犀牛鸟就会飞上飞下，以此引起"朋友"的注意。

清洁虾爬进鳗鱼嘴里觅食

清洁虾看上去十分莽撞，竟然敢爬进鳗鱼张开的嘴巴里，从尖牙利齿中寻觅食物。看上去清洁虾似乎小命不长，危在旦夕，实际上这是一种古老的清洁方式。另外，清洁虾也不只是找到鳗鱼并吃掉其口腔中的寄生物，而且还会敬业地把鳗鱼的口腔清洁得干干净净。

䲟鱼与鲨鱼共舞

说起来，鲨鱼应该是海洋当中最不可能找到盟友的动物，因为它是残酷无情的猎食者。但是，它对䲟鱼十分宽容，甚至允许它们把脑袋上奇怪的触角与鲨鱼的下腹部连在一起。这是为什么呢？原来，䲟鱼不仅可以在鲨鱼大快朵颐之后吃到一些零星肉末，还能够为鲨鱼清理下侧表面的寄生物。

虾虎鱼与小虾互帮互助

长着一副喜相、浑身布满斑点的虾虎鱼居然会跟精明的硬壳虾在一起和谐生活，听起来很奇怪吧。事实上，虾虎鱼与小虾可是十分要好的朋友，它们之间的分工十分明确——小虾负责挖洞，虾虎鱼负责安全保卫。因为小虾的视力很差，而虾虎鱼则具有超强的视力，因此，虾虎鱼便担当起了看家护院的重任。而虾虎鱼呢，则依靠小虾的挖洞技巧，这样它们才有了一个安全的藏身之处，可以好好地睡上一觉。

当鳄鱼想要在暖暖的午后睡上一觉时，常常会有许多牙签鸟在它们背上飞来飞去，毫不客气地拍打着翅膀，被打扰到的鳄鱼竟然一点儿也不生气，而是乖乖地张开大嘴，让牙签鸟飞进去为自己清理牙齿，真是太神奇了！

可有的时候，鳄鱼还是会因为太困倦而睡过去，自然而然地将自己的嘴巴闭上，小小的牙签鸟会不会就此死掉呢？不会的，聪明的牙签鸟自有脱身之法，它们会用自己尖硬的喙轻轻地碰刺鳄鱼松软的口腔，告诉自己的朋友："贪睡的家伙，你把我关到你的嘴里了，快点儿让我出来！"这时鳄鱼就会立刻张大嘴巴，牙签鸟就可以继续工作或飞出来了。

因为牙签鸟与鳄鱼关系十分亲密，因而人们又称之为"鳄鱼鸟"。

小鸟当"警卫"

鳄鱼之所以对牙签鸟这么好,不仅仅是因为牙签鸟能够帮助它们清理口腔,而且它们还能充当自己的"警卫"呢!

别看鳄鱼这么厉害,但它们也不是天下无敌的,河马啊、大蟒蛇啊、老虎啊、美洲狮啊,这些都是鳄鱼的天敌。而牙签鸟生性十分机敏,即使在鳄鱼的牙缝里啄食残食时也格外警惕周围的一切,一旦有什么风吹草动,它们便会立即发觉,这时它们就会惊叫几声向鳄鱼报警,鳄鱼得到情报之后,便会做好迎战准备,或者潜入水底避难。

不仅如此,作为鳄鱼忠实的朋友,牙签鸟还会在鳄鱼的栖居地垒窝筑巢,生儿育女,并为鳄鱼站岗、放哨,只要周围稍有动静,牙签鸟就会惊声尖叫,这样鳄鱼便会提高警惕,做好准备,迎击来敌。

看来,牙签鸟这一朋友当得还真十分"称职"呢。大自然真是够神奇的,凶残异常的鳄鱼竟然会与小小的牙签鸟做朋友,真的是出乎人们的意料啊。

朋友们,快躲起来,敌人来了!

在海洋深处，靠近珊瑚礁的地方，有一只章鱼正在饿着肚子四处觅食。这时，眼尖的它发现前方不远处有一只小螃蟹，虽然个头看上去小小的，但是现在它可没心思挑食。它迅速地游到小螃蟹旁边，正准备下手，突然小螃蟹竟然挥动着双螯向它展开了攻击，章鱼躲闪不及，被击中了一只腕足，一阵刺痛袭来，章鱼顿时觉得头昏脑涨，渐渐失去了意识，等它逐渐清醒过来，小螃蟹早已不见了踪影。

咦？！为什么小螃蟹一拳就把章鱼给打昏了，它是不是有什么秘密武器呢？

拳击蟹

带刺的"拳击手套"

想吃我？先试试我的拳头吧！

咦，好疼啊！

嘿嘿，捡到的秘密武器哦

你猜得没错，小螃蟹的确拥有秘密武器，那就是——"拳击手套"。咦？！小螃蟹怎么会有"拳击手套"呢？它究竟是什么东西？

那只小螃蟹名叫拳击蟹，看到名字就知道了，它一定是个"拳击高手"。拳击蟹是一种栖息于珊瑚礁中的小型蟹类，略透明的外壳上分布着浅紫色的细致纹路，模样非常精致。它们的个头特别小，壳也只有1.5厘米，理所当然成为许多动物喜爱的猎物。它们当然不能坐以待毙，当遇到对手时，就会挥舞着的双螯奋力反抗。但小螃蟹的螯毕竟力道有限，为了增加杀伤力，它们就给自己戴上了"拳击手套"。

这"拳击手套"是从何而来的呢？那是它从海底捡到的。哈哈，这手套其实是海葵！当遇到合适的海葵，拳击蟹就会捡起来，握在"手"中。当遇到危险的时候，它们会高高举起那对握有海葵的螯足，不断地四处挥舞，就像是拳击手戴着手套一样，每一次刺戳都会刺痛对手或者令对手死亡。

出色的"拳击手"

手握"海葵手套"的拳击蟹绝对是一名出色的"拳击手"。有人曾经看到一只拳击蟹击退过一只蓝环章鱼，可见它的防御是非常有效的。

拳击蟹之间也经常用海葵作为进攻的武器，但是这种

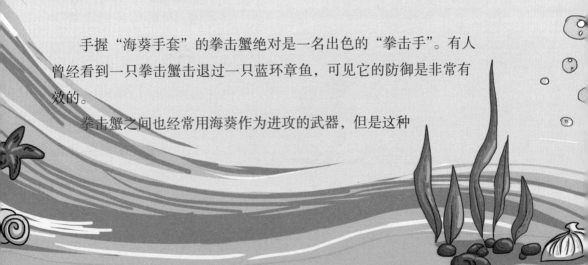

争斗只是出于好玩，几乎不会用海
葵触及对方，主要靠腿来格斗。

当一只成熟的拳击蟹到了
要蜕皮的时候，它就必须放
下海葵，等到它的新壳长硬
以后，则又会去抓新的海葵。
如果它只找到一只海葵，就会
把海葵一分为二，而海葵也很乐
意被分为两只。

奇特的动植物共生

在巴西热带大草原上，生长着一种小树，就是狼果树。
狼果树的果实狼果看上去十分漂亮，是金黄色的，但是几乎
没有动物敢吃它，因为里面含有剧毒。可是鬃狼却酷爱狼果，
因为没有狼果，鬃狼的一生将会十分痛苦——狼果能够帮它
杀死体内的寄生虫。狼果树当然也不是白白奉献出自己的果
实，通过鬃狼，它们获得了更多的繁殖机会。这中间还有一
个至关重要的环节——切叶蚁。

切叶蚁是一种懂得"农业生产"的昆虫，它们收割树叶，
用叶片栽培可以食用的真菌（就像人类栽培蘑菇那样哦）。而
鬃狼喜欢在切叶蚁的巢穴上便便，这些便便会被切叶蚁当成
"蘑菇园"的肥料搬入蚁巢内。然后，
经过筛选，切叶蚁会把肥料中不需要
的成分——比如狼果的种子——
统一搬到蚁巢的垃圾堆上。而
这个过程则大大增加了种
子的萌发概率，从而保证
了狼果的繁殖成功率。

看吧，大自然的巧
妙总是令人惊叹啊！

肥料

令人奇怪的是，在面对
敌人时，海葵似乎并不反对
被拳击蟹抓起自己并挥舞着
进攻，至少我们没有见到过
海葵临阵脱逃。也许对于海
葵来说，得到所需的食物会
比能自由活动更好吧。由于
拳击蟹利用海葵来刺晕动物，
因此海葵也能够得到足够的
食物回报。也许正是这个原
因，才使得海葵宁愿生活在
拳击蟹的双螯中吧。

打不过就溜之大吉

　　当然了，并不是每次遇到危险，拳击蟹都能够击退敌人，毕竟拳击蟹太娇小了，动作灵活的小型雀鲷、小丑鱼，或者根本不畏惧海葵刺伤害的鲽鱼、神仙鱼等根本对其视若无物。相反地，拳击蟹挥舞海葵警告的动作反而会引起它们的注意力，而向它发起进攻。

　　当拳击蟹认为自己处于劣势的时候，也并不傻乎乎地执着于战斗，而会施展甲壳类生物一贯的逃脱伎俩，或许会扔掉海葵手套，或许干脆自断螯足，总而言之，逃命最要紧。折断的螯足会随着每次生长蜕壳而再生，失去的海葵也可以再捡。要是没有了小命，那可就什么都没有啦！

　　看来，拳击蟹也是挺聪明的，还懂得明哲保身呢！

被抛弃的"手套"

逃命要紧啊！

竹节虫

伪装大师 是这样 表演的

你看不到我，看不到我。

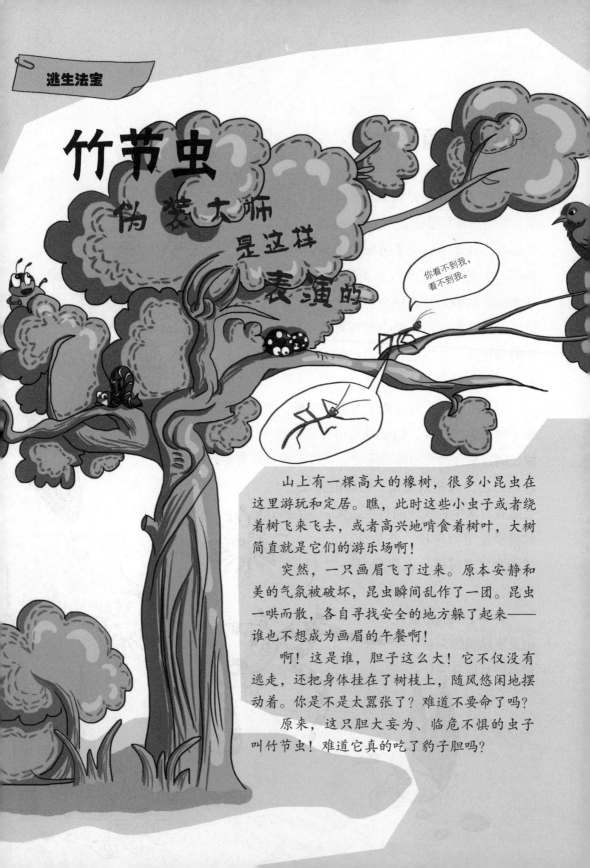

　　山上有一棵高大的橡树，很多小昆虫在这里游玩和定居。瞧，此时这些小虫子或者绕着树飞来飞去，或者高兴地啃食着树叶，大树简直就是它们的游乐场啊！

　　突然，一只画眉飞了过来。原本安静和美的气氛被破坏，昆虫瞬间乱作了一团。昆虫一哄而散，各自寻找安全的地方躲了起来——谁也不想成为画眉的午餐啊！

　　啊！这是谁，胆子这么大！它不仅没有逃走，还把身体挂在了树枝上，随风悠闲地摆动着。你是不是太嚣张了？难道不要命了吗？

　　原来，这只胆大妄为、临危不惧的虫子叫竹节虫！难道它真的吃了豹子胆吗？

打不过、逃不走

竹节虫是我国南方丛林里一种常见的昆虫。它的成虫身长约10厘米，某些种类最长可达30多厘米，可以说是世界上最长的昆虫。竹节虫的外表酷似一根长着几条分叉的枯树枝，黄绿色光滑的体表上，有着清晰明显的竹节——这也就是它名字的由来。

竹节虫生活在树枝或草丛里。它的生长过程没有蛹期，幼虫几次蜕皮后直接长大为成虫。竹节虫孵化出来后，会爬到离自己最近的树木或草上，然后就在那里安家落户了。

竹节虫的行动非常缓慢，它通常夜晚出来活动，而白天几乎一动不动。竹节虫是食草动物，不具有攻击性。别说让它主动出击，如若敌人来袭，它连被动还手的能力都没有。而且它们没有翅膀，大腿也很细，因此在受到攻击的时候，也没有办法迅速逃脱。唉，这可是典型的打也打不过、逃也逃不走，它们似乎只有束手待毙的份了。

那么，在捕食者经常出没的地方，这些没有自我保护能力的竹节虫是怎么生存的呢？它们又为什么会这么胆大妄为呢？

护身法宝大盘点

当当当，答案即将揭晓！

原来竹节虫并不是英勇无畏，敢于向画眉挑战，也不是具有献身精神，要主动葬身鸟腹！它之所以这么镇定自若，是因为它有护身法宝！

法宝一：我是竹节虫，还是树枝？竹节虫可是拟态高手。在没事做的时候，它会把两只前脚并拢，同时四只中脚和后脚支开，纹丝不动地藏在树上，

不仔细观察的话，你根本分辨不出来它们和树枝的区别。即使到了"饭点"，它们也只是小心翼翼地移动取食，并在移动的时候有节奏地左右摇摆着，让别的动物以为是树枝在晃动。谁能练出慧眼，分辨出这究竟是干巴巴的树枝还是美味的竹节虫呢？

法宝二："变色龙"来了！竹节虫还是一只"变色龙"！它天生就能根据周围的环境变换身体的颜色，趴在绿色的树枝上就变成绿色，趴在褐色的树枝上就变成了褐色。想要吃掉竹节虫可是很不容易啊，必须炼成火眼金睛！

法宝三：对不起，我"死"了！有时候，竹节虫会忙着大吃大喝，不小心放松了警惕，忘了装成树枝。这个时候，可就把它的敌人招来了。不好，你看，那个小鸟的爪子和尖嘴已经逼近了，小虫子这次在劫难逃！别担心，竹节虫可不是只有这点儿伎俩，它还会——装死。它"啪"的一声掉在地上，然后一动不动，就像折断的枯枝一样。对不起，我"死"了，请您换个地方找食吃吧！

法宝四：终极法宝——又长出来了。当然，竹节虫不可能每次都这么幸运，有的时候它会被咬住腿或者触角。怎么办？这时候，它会舍弃肢体的一部分，果断地挣脱，很有壮士断臂的气概！放心了，再见到它，它还是好好的——丢掉的部分又长出来了！

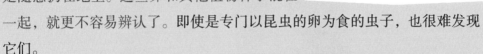

光靠武力是不行的

竹节虫不仅能把自己伪装成树枝，就连产下的卵也很像植物的种子。因此产卵之后，竹节虫妈妈不会像其他昆虫一样把卵藏起来，而是随意扔在地上。这些卵和其他植物种子混在一起，就更不容易辨认了。即使是专门以昆虫的卵为食的虫子，也很难发现它们。

竹节虫看似弱不禁风，动起手来打不过别人，跑起来又快不过别人，但敌人来临的时候，它的表现可以说是相当酷啊！看来，就算在动物界，也并非总是要靠武力解决问题，智慧和本领可以说是相当重要啊！

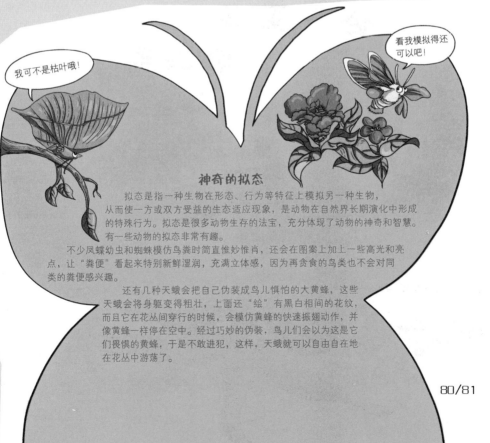

我可不是枯叶哦！

看我模拟得还可以吧！

神奇的拟态

拟态是指一种生物在形态、行为等特征上模拟另一种生物，从而使一方或双方受益的生态适应现象，是动物在自然界长期演化中形成的特殊行为。拟态是很多动物生存的法宝，充分体现了动物的神奇和智慧。有一些动物的拟态非常有趣。

不少凤蝶幼虫和蜘蛛模仿鸟粪时简直惟妙惟肖，还会在图案上加上一些高光和亮点，让"粪便"看起来特别新鲜湿润，充满立体感，因为再贪食的鸟类也不会对同类的粪便感兴趣。

还有几种天蛾会把自己伪装成鸟儿惧怕的大黄蜂，这些天蛾会将身躯变得粗壮，上面还"绘"有黑白相间的花纹，而且它在花丛间穿行的时候，会模仿黄蜂的快速振翅动作，并像黄蜂一样停在空中。经过巧妙的伪装，鸟儿们会以为这是它们畏惧的黄蜂，于是不敢进犯，这样，天蛾就可以自由自在地在花丛中游荡了。

　　傍晚时分，正值海水退潮，大片的礁石裸露了出来，礁石还是湿漉漉的，一只橘黄色的海星懒洋洋地趴在礁石上。一只海鸥在海面上翱翔，眼尖的它发现了趴在礁石上的海星，兴奋地拍打着翅膀，尖叫着朝海星飞去。而海星也意识到了危险，开始朝海里爬去。

　　马上就要爬进海里了。哎呀，不好了，这只海星被压到了石头底下！海星奋力挣扎，可是石头纹丝不动，危险在一步步地靠近。

　　这时，骇人的一幕发生了——那只海星竟然扭断了压在石头下的腕足，在海鸥到来之前爬进了海里。断了腕足的海星还能存活吗？

海星

会 "重生" 的海星

海星正面图

现在还是小命重要，那只腕足还会再长出来。

掉进海里的星星

海星是一种生活在海底的无脊椎动物，如果你见到海星，一定会为它那艳丽的颜色所吸引。从外表看，海星长得很像星星，身体外面有坚硬的石灰甲，带有美丽的色彩，人们把它当作海中的星星，形象地称之为"海星"。

海星与海参、海胆同属棘皮动物，主要分布于世界各地的浅海海底沙地或礁石上。别看海星个头小小的，它们对海洋生态系统和生物进化起着非同凡响的作用呢，这也是它在世界上广泛分布的原因。

海星的体形很怪，没有脑袋，也没有尾巴，整个身体又扁又平，看上去就像是多角形的星星。海星身体的中央部分叫作体盘，从体盘上长出了一条条腕。海星通常有五条腕，当然，也有的海星长有六七条甚至几十条腕。在这些腕下侧并排长有四列密密的管足，这些管足既是海星捕获猎物的武器，同时又能让它们攀附在岩礁上。大个的海星有好几千个管足呢！

在海星身体向下的一面，正中央有个口，那便是海星的嘴巴了，它可与海星爬过的物体表面直接接触。海星身体向上的一面颜色比较鲜艳，上面布满了圆圆的小突刺。海星的体型大小不一，体色也不尽相同，几乎每只都有差别，最多的颜色有橘黄色、红色、紫色、黄色和青色等。

海底一只只美丽的海星，真像一颗颗掉进海里的星星呢！

海星背面图

外表温柔的食肉动物

人们都知道鲨鱼是海洋中凶残、嗜血的食肉者，而认为那些栖息在海底沙地或礁石上，平时一动不动的海星既温柔、善良又胆怯。事实上，尽管海星不像鲨鱼那样灵活、迅猛，但它绝对不是吃素的！

海星看上去好像永远是静止不动的，其实能够依靠腕下的管足缓慢地移动，大约每分钟能爬行5~8厘米。海星的每条腕上都有红色的眼点，这便是海星的"眼睛"了，能够用来感觉光线。在眼点的周围有短小的触手，具有嗅觉作用。

因为行动迟缓，所以它的主要捕食对象也是那些行动较迟缓的海洋动物，如贝类、海胆、螃蟹和海葵等。

海星在捕食的时候通常都会采取缓慢迂回的策略，让我们来看看它是怎么吃到难以撬开的贝类肉的吧！它先是慢慢地接近贝壳，用腕上的管足捉住贝壳并将其整个身体包起来；当贝类的两壳由

哈哈，又一个我要诞生了！

蚯蚓

看我的断肢再生表演！

蝾螈

嘿嘿，尾巴又长出来了。

壁虎

动物的再生

再生是指生物体对失去的结构重新自我修复和替代的过程，在动物界，再生是十分普遍的一种现象。

蚯蚓就是一种再生动物。将一条蚯蚓在中间切成两段，它不但不会死去，相反会变成两条完整的蚯蚓。壁虎、蝾螈也是再生动物，壁虎的尾巴断了可以重新生长出来；蝾螈的四肢缺损了也可以失而复生。蜥蜴在遇到天敌的时候也会断尾求存。

具有再生能力的动物还有水蛭、螃蟹（螃蟹的眼睛掉了，还能再长出眼睛来），等等。

研究发现，越是低等的动物，其再生能力越强。水蛭的再生本领极强，它身上的每一块碎片，都能摇身一变，再生成为完整的个体。

没关系，再换个眼睛！

我可是连碎成片片都不怕的！

水蛭

螃蟹

于体力不济而稍有放松时，海星就会趁机将胃袋从口中吐出，分泌能够麻醉贝类的消化液，并从贝壳间的缝隙将自己的胃伸进，将贝类的软体包住，然后从容不迫地将其吃掉。

不死！不死！还是不死

别看海星个头不大，它的食量却很惊人，一天之内，一只海星就可以吃掉 20 多只牡蛎。由于海星还会跟鱼虾抢饲料吃，因而渔民们十分痛恨它，经常捉到后将其"五马分尸"——剁成好几块，再扔向大海。结果却适得其反，海星的数量竟然越来越多了。这是怎么回事呢？

原来，海星有着极强的再生本领，这也是它最为奇特的地方。当海星的腕被石块压住或被天敌咬住时，它就会将腕自动折断，分身逃命。这可不像壁虎断尾逃命那么简单了——海星的每一个碎块都会很快重新长出失去的部分，从而长成几个完整的新海星来。也就是说，海星的任何一个部位都可以重新长成一只新的海星。即便只剩下一个腕，过了几天就能再生四个小腕和一个小口，再过一个月，旧的腕脱落，再生一个小腕，于是又一只五腕的海星出现了。

天哪，海星简直就是"不死之神"的化身啊！

魔鬼鲨
不自由，毋宁死

海洋里，一条鲨鱼正悠闲地游弋。突然，一张大网铺天盖地朝它扑来，它躲避不及，被罩在了网里。鲨鱼十分愤怒，焦虑不安地朝四处游动，试图找到一个出口，但很快，它就发现自己的努力徒劳无功。它心有不甘，开始不停地撕咬渔网，但它的嘴反而被渔网上的倒刺给划破了，鲜血涌了出来，海水被染红了。

眼看着逃生无望，那条鲨鱼不再撕咬渔网，只见它的身体膨胀了起来，变得很肥大，突然"嘭——"的一声，那条鲨鱼竟然爆炸了！

天啊！究竟发生了什么事情呢？

生活在大海深处的魔鬼鲨

跑不了了。

那条鲨鱼为什么会爆炸？难道是渔民在海里丢了炸弹？

当然不是！那条鲨鱼是自己爆炸的！

什么？鲨鱼自杀了？！这未免也太离谱了吧！

自杀式爆炸的鲨鱼名叫哥布林鲨鱼，又名欧氏剑吻鲨（欧氏尖吻鲛），是尖吻鲨科（尖吻鲛科）下的唯一一个物种。由于拥有尖牙利齿，异常凶猛，因此人们又习惯称哥布林鲨鱼为"魔鬼鲨"，以至于它的本名倒很少有人知道。

魔鬼鲨经常出没于阳光照射不到的深海。它们广泛分布在世界各地温带和热带的海域，从太平洋的澳大利亚至大西洋的墨西哥湾，但最先是在日本的海域被发现。

魔鬼鲨是凶猛的肉食性动物，主要以鱿鱼、蟹及深海鱼类为食物，在深海里，它们很少有敌人。

由于人们对其生命及繁殖的习性所知甚少，人们推测，作为鼠鲨目一分子的它们是卵胎生的，也就是说，它们的受精卵会在母体内孵化，出生时已经是一头幼鲨。

长相怪异的鲨鱼

魔鬼鲨的长相丑陋凶狠，样子十分狰狞，仅仅是远远地看到它，都会让人望而生畏。

魔鬼鲨的身体呈粉红色，这在鲨鱼中十分独特。这是因为它浑身上下的皮肤是半透明的，能够隐约看到它身体里的血管。

魔鬼鲨总体呈圆柱形，身长大约3米，眼睛很小，长有一个十分怪异像短剑一样突出的长鼻子，甚至比以凶猛残忍著称的虎鲨还要长还要尖。你可别小看这个长鼻子哦，它的作用可大着呢！它充当了一个接收器，能够帮助魔鬼鲨锁定猎物。

看过动物书了，我知道这个标本一定是假的。

魔鬼鲨的两颌前移形成鸟喙状，可以突然伸出攫取猎物。它的颚部可以自由伸缩，当收缩的时候，外观就像是一头粉红色而长吻的沙虎鲨。在双颚上，布满了锋利的牙齿，就像是一把把直立的三角刮刀，寒光闪烁，那些锋利的牙齿能够将任何猎物拖入口中。

魔鬼鲨的肝脏占到了身体重量的25%，但是，到目前为止，人们还不清楚为何它们的肝脏会如此大。

宁可粉身碎骨，
也不愿做阶下囚

对于这个深海居民，人们知之甚少。只知道它凶猛异常，会攻击人类。但是，其特别之处并不在于凶猛，而在于它的自杀式爆炸。到目前为止，

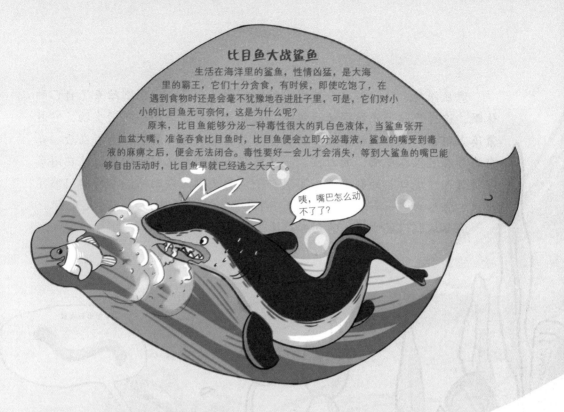

比目鱼大战鲨鱼

生活在海洋里的鲨鱼，性情凶猛，是大海里的霸王，它们十分贪食，有时候，即使吃饱了，在遇到食物时还是会毫不犹豫地吞进肚子里，可是，它们对小小的比目鱼无可奈何，这是为什么呢？

原来，比目鱼能够分泌一种毒性很大的乳白色液体，当鲨鱼张开血盆大嘴，准备吞食比目鱼时，比目鱼便会立即分泌毒液，鲨鱼的嘴受到毒液的麻痹之后，便会无法闭合。毒性要好一会儿才会消失，等到大鲨鱼的嘴巴能够自由活动时，比目鱼早就已经逃之夭夭了。

咦，嘴巴怎么动不了了？

世界上还从来没有过一条完整的魔鬼鲨标本，因为这种鲨鱼的性情十分刚烈，当它深陷困境而无法脱身时，就会自我爆炸。因而，在一般情况下，人们见到的只不过是它支离破碎的残体。

天哪，魔鬼鲨为什么会爆炸呢？它们是如何自我爆炸的呢？有人指出，当被捕入渔网几经挣扎不得脱身时，魔鬼鲨就会通过自身类似鱼鳔的肌体压强变化，而膨胀起来，最后自行爆炸成大大小小的碎块。宁可粉身碎骨也不愿被人活捉而成为阶下囚，看来，魔鬼鲨很有宁死不屈的骨气呢！

宁可粉身碎骨，也不愿成为阶下囚。

海底深处，一只海参从岩礁中缓缓地爬了出来。它刚刚结束了自己的休眠，这会儿肚子正饿得咕咕叫呢，看到旁边有许多小小的微生物，它赶紧凑上前去，准备大快朵颐。正应了那句古话：螳螂捕蝉，黄雀在后。正当海参在"狼吞虎咽"的时候，一只螃蟹正在悄悄地接近海参。就在海参即将落入"虎口"的刹那，一团黑乎乎又长又黏的东西从海参的肛门喷了出来。海参的这一举动倒是把螃蟹吓了一跳，而海参则趁机逃之夭夭了。

海参从肛门里喷出来的到底是什么东西呢？

海参
"抛肠弃肚"逃生

黑乎乎的"蔫黄瓜"

海参属棘皮动物，身体长圆形，肉多而肥厚，体壁外表有很多肉质突起，看上去就像一条黑色的快要腐烂的"蔫黄瓜"，所以其外号又叫"海黄瓜"。

说起来，海参可是一种非常古老的动物。在6亿多年前，它就已经生活在海洋里了。在漫长的岁月里，海参为了适应自然环境，形成了独特的生活习性。它深居海中，不会游泳，仅靠管足和肌肉的伸缩压力在海底蠕动；行动迟缓，一个小时才能走3米远；主要以泥沙中的有机物质和微生物为食。

每年夏季，当海水的温度上升至20℃时，海参就会选择休眠，它们会不声不响地转移到深海的岩礁暗处，背面朝下，潜藏在石底呼呼大睡起来。海参这一睡就是三四个月，在这期间，它们不吃不动，整个身体会渐渐萎缩变硬。一直到秋后，才会苏醒过来恢复活动。

海参为什么会在夏季选择休眠呢，一般的动物不都是冬天才会休眠的吗？原来，海参平日里是靠捕食海里的微生物为生的，而微生物对海水的温度很敏感，当海面水暖，它们便会往上游，水冷则潜回海底。夏季海面暖和了，微生物便纷纷到上层水域进行一年一度的繁殖，而栖身海底的海参无法追随。迫于食物供应中断，只好藏匿在石下休息保养了。

真是人间美味啊。

苦肉计：用内脏来买命

尽管海参相貌丑陋，但它是很多食肉动物眼中十足的美味，因为它长了一身令人垂涎欲滴的"贼肉"——身体软绵绵的，没有骨头，想想都要流口水啊——因而海参常常会遭到强者的侵犯。海参既没有尖牙，也没有利爪，更没有毒器，换句话说，它没有任何一样能够进攻或抵御敌人的武器，所以在自然界，它是十足的弱者。但是，令人惊奇的是，每次战斗，胜利者往往是海参。

那么，海参到底有什么绝招呢？

原来，海参具有生物界独一无二的绝招——向敌人抛射全部内脏，趁机逃离"虎口"。当强敌来袭时，海参无力与之抗衡，却又不甘心束手就擒，于是，它就会在即将落入"虎口"的一刹那，使出其特有的"苦肉计"——后缩体壁，将全部内脏（包括五脏六腑）一齐从肛门喷射出去。用自己的全部内脏作为"厚礼"，奉送给来犯的强敌。强敌往往会被这堆黏糊糊的"厚礼"给吸引，在强敌还没有反应过来的时候，海参就趁机带着空壳沉入海底，逃之夭夭。

海参的这种做法难道不是自寻死路吗？没有了内脏的海参，它如何生活？

看我跟黄瓜像不？

海参这么做自然有它的道理，更不可能是自寻死路了，谁会拿自己的生命开玩笑呢？因为海参的器官具有惊人的再生本领。没有了内脏的海参，经过 2 ~ 4 个月的休养生息，就会重新生长出一套全新的内脏来。怎么样，够神奇吧？！

吞了铁丝也不怕

我们人类要是一不小心把什么坚硬的异物吞进肚子里，就不得不去医院就诊了，可海参完全不担心这个问题，它们还有一种强大的能力叫作"排异功能"。

受伤也不会流血的鱿鱼

鱿鱼即使被切去触须也不会流血，知道这是为什么呢？

人的血液中含有大量的红细胞，这些红细胞里面有运输氧气的血红蛋白，血红蛋白是红色的，所以我们的血液看起来也就是红色的。如果你不小心割破了手指，就会流出鲜红的血液。

难道鱿鱼的体内没有血液？当然不是啦。

鱿鱼体内的色素是血糖蛋白，而血糖蛋白是没有颜色的，还会被水溶解，所以鱿鱼即使被强行切断触须也不会出血咯！

血小板

血糖蛋白

有人做过一个实验，他们用针线或铁丝直接穿透海参的身体，并牢牢打上一个死结，可用不了半个月，海参就会将自己体内的异物魔术般地排出体外，不仅如此，它们的身体上也不会留下任何被穿透或是被勒的痕迹。

这里特别提醒，以上所述的全部是海参的独门绝技，我们人类绝对不具备这样的能力，切勿盲目模仿！切记切记！！

刺豚

闪开，气球来了

硬刺

一群鱼儿正在海底的珊瑚礁附近追逐嬉戏，突然，从远处游来了一条大鲨鱼，所有的鱼儿转眼都藏起来消失了，唯有一条小怪鱼仍在不慌不忙地游着，于是大鲨鱼一口将那条小怪鱼吞了下去。正当其他鱼儿都为小怪鱼担心时，奇怪的事情发生了——大鲨鱼满嘴都是血，气急败坏地张开了血盆大口，一只像刺猬一样的怪鱼从大鲨鱼嘴里游了出来！

天哪，小怪鱼竟然打败了大鲨鱼，这到底是怎么回事呢？

浑身长满硬刺的怪鱼

身体膨胀之前

身体膨胀之后

那条吓走了大鲨鱼的小怪鱼名叫刺豚。刺豚的个头很小，成年的刺豚最大的也只有90厘米长。刺豚的长相非常独特，跟普通的鱼类相比，它的眼睛明显地凸了出来，而且嘴巴有点儿像鸟嘴。它们就是利用自己奇特的嘴巴来捕食蛤蜊、海星、小虾、小蟹等动物的。

刺豚没有肋骨、顶骨、鼻骨和眶下骨，它们的牙齿愈合成了牙板，能咬碎坚硬的食物，就连蛤蜊的外壳也能轻易咬开。刺豚全身长满了硬刺，这些刺是由鳞片演化而来的。平时，这些硬刺都贴在身上，只有遇到危险的时候，才会像刺猬那样把硬刺都给竖起来。

此外，刺豚的身体形状也比较特别。大部分鱼类的身体都是流线型的，但刺豚的身体是椭圆的鸡蛋形状，这一特征是大多数豚鱼都具有的特征，因此，它们游泳的速度都非常慢。

刺豚跟其他豚形目鱼类一样，体内含有"河豚毒素"。据说，一条豚鱼身上的"河豚毒素"能够毒死大约33名成年人。哎呀，想想还真是够恐怖的呢！

嘿，你想尝尝我的尖刺吗

刺豚生活在海洋底层。它本身不太喜欢游泳。如果不是长了一身的硬刺，恐怕它早就被无情的大自然给淘汰掉了。

刺豚是鱼类中的"刺猬"。它们跟刺猬一样，一碰到危险就立刻把身体的硬刺竖立起来，使得敌人无从下嘴。不过呢，刺豚

气尖

还有一项刺猬没有的本领，那就是它们能够把身体像气球一样膨胀起来，变成原来身体的两到三倍。这样做，一来可以"虚张声势"，二来可以使那些体型较小的敌人无法将它们吞下。

那么，刺豚是如何使身体膨胀起来的呢？原来刺豚的身体构造很特殊。在它肠子的下方，有一个向后扩大成带状的气尖。刺豚一旦遇到危险，就会立刻冲向水面，张嘴吸入空气，使气尖中充满气体。要是来不及冲出水面吸入空气，那么刺豚就会吸入大量的海水。因为刺豚腹部的皮肤比背面的皮肤松弛，加上气尖又位于肠子的前下方，因而刺豚头部和腹部就会膨胀得很大。

想想看吧，一个浑身长满尖刺的鼓囊囊的家伙，任对方再厉害，也会心生怯意，因为从任何一个方向下嘴，都必然会被刺豚的硬刺扎伤，最终只能眼睁睁地放弃即将到嘴的美味佳肴。

我得尽快恢复原状

当捕食者扫兴而去，刺豚的危险也解除了，此时，刺豚要马上将吸入体内的大量海水或空气给排出来。它们会从鳃孔以及嘴中将空气或者海水排出，使身体恢复正常。假如不能在短时间内将体内的空气或海水排出，刺豚便会因身体过度膨胀而死。想想看吧，要是刺豚一直膨胀着身体，说不定什么时候就会像一个超负荷的气球那样，"嘭"的一声爆炸了。

虽然刺豚是海洋中的弱者，但是由于它拥有特殊的生存技能，因而能够在残酷的竞争中生存下来，就算是海洋中的"超级恶霸"大鲨鱼也拿它毫无办法。

浑身长满刺的动物

海胆：海胆是一种海洋动物，它的个头不大，直径大约只有20厘米，体形各异，有球状的、圆盘状的，还有心脏形的。海胆有一层精致的硬壳，壳上布满了许多刺样的东西，叫棘，远远看上去就像一个个带刺的仙人球，它们就是依靠这些棘来缓慢移动和防御敌害的，还因此得了个雅号——"海中刺客"。

刺猬：刺猬别名刺团、猬鼠，属于哺乳动物中的猬形目。体形肥矮，爪子很锐利，眼睛小小的，毛很短。除了肚子外全身长有硬刺，当它遇到危险时会将身体卷曲成球状，将刺朝外，用来保护自己。一般在夜间活动，以昆虫和蠕虫为主要食物。

豪猪：豪猪是啮齿目动物中的一类。身体肥壮，从肩部到尾部，布满了尖尖的长刺，刺的颜色黑白相间，粗细不等。豪猪白天躲在穴中睡觉，晚间出来觅食，喜欢吃花生、红薯。当它们受惊时，会立即竖起身上的尖刺，用来警告敌人。

海胆

刺猬

豪猪

角蜥
看我的喷血绝技

在墨西哥的索诺拉沙漠，天阴沉沉的，大朵的乌云飘在天上，一场大雨即将到来，一群蚂蚁正在紧张有序地搬家。然而，突然出现的捕食者却将这份难得的平静打破了。一只长得像蟾蜍一样的蜥蜴，正悄悄地爬向忙碌的蚂蚁。正当蜥蜴美滋滋地想要饱餐一顿的时候，突然发现身后不知何时竟然出现了一条响尾蛇，蜥蜴顿时吓得不敢动弹。响尾蛇吐着芯子一步步地逼近。

突然，"扑哧"一声，蜥蜴的眼睛里竟然射出了一股鲜红的血液，而且还准确地射在了响尾蛇的脑袋上！响尾蛇被这突如其来的变故惊呆了，随后就掉转蛇头，迅速地离开了。

小小的蜥蜴竟然击退了凶恶的响尾蛇，真是太神奇啦！

头断的角

眼睛与鼻骨间的空隙充满了血

身体和尾巴上的鳞片

沙漠中的小"恐龙"

武装完毕!

刚刚那只从眼睛里喷血击退响尾蛇的小家伙名叫角蜥，是蜥蜴的一种。角蜥体长7～15厘米，非常肥胖，尾巴粗扁，末端很尖，十分牢固，不易被折断，这点跟蜥蜴不同，因为蜥蜴的尾巴极易折断。角蜥最奇特的地方，是它浑身长满刺状鳞片，尤其是头部，还有放射状排列的尖棘，被它扎一下可不是闹着玩的。这也是人们称之为"角蜥"的原因。由于角蜥的外形跟蟾蜍（癞蛤蟆）很像，所以人们又称其为角蟾。

角蜥主要分为澳洲角蜥与北美沙漠角蜥，可是不管分布在哪，都是非常干旱的地方，好在它们可以从食物中获取水分。角蜥主要以小型昆虫为食，特别是随处可见的蚂蚁。可别以为蚂蚁就会乖乖地束手就擒哦，无论是生活在澳洲的犬蚁还是生活在北美洲的火蚁，它们可都拥有数一数二的化学武器，人们对它们都是敬而远之，那小小的角蜥能够顺利捕获它们吗？有句老话叫作"卤水点豆腐，一物降一物"，还真是这样的！由于角蜥的身上覆盖着坚硬的鳞甲，就连最脆弱的眼睛也是可以关闭的，可以说是武装到了牙齿，因此就算蚂蚁再凶再厉害也只能沦为角蜥的美餐。

小家伙有大本领

尽管角蜥个头小小的，力气也不大，而且没有毒，可以说这样的体型在自然界是很吃亏的，几乎是个掠食者就能吞掉它，但是小小的角蜥竟然在残酷的竞争中生存了下来，这是因为它拥有一身击退外敌的本领。

首先，角蜥有良好的保护色。它生活在缺水的热带沙漠中，其肤色能够随着季节的冷热变化而变化，天热时其肤色较浅，冷时其肤色较深，这样可以调节身体吸收阳光热量的程度。此外，它拥有神奇的拟态本领，能模仿沙砾的颜色和形状。当它俯卧在沙漠中时，体色几乎和沙砾一模一样。角蜥的保护色不仅可以帮助它逃避敌害的袭击，还能迷惑猎物。它们常常静静地待着一动不动，一旦猎物误认为它们是沙砾向其走来，角蜥就会张开大嘴一口将猎物吞下。

其次，角蜥的头上长着角，身体和尾部生有许多又尖又硬的鳞片，每张鳞片都像一把锋利的匕首。聪明的你一定猜到了，这便是角蜥重要的防身武器。当它们遇到敌人时，便会不停地晃动着头上的利角向对方发出警告："嘿，你要尝尝我的厉害吗？"

若是这样还不能把对方吓跑，那么角蜥就会使出终极必杀

技了——从眼睛里喷出鲜血来攻击对方。当它遇到危险时，会先把肚皮鼓得很大，像打足了气的皮球。它身上的每根角刺都会直竖起来，眼睛开始变红，接着会从眼睛里喷出一股鲜血，像火龙一样射向"敌人"。凡是侵害它的动物，看到这样喷血的怪物，无不退让三分，逃之夭夭。

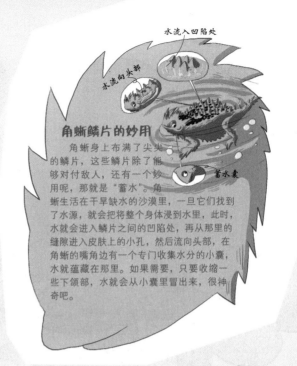

水流入凹陷处

水流句头部

角蜥鳞片的妙用

角蜥身上布满了尖尖的鳞片，这些鳞片除了能够对付敌人，还有一个妙用呢，那就是"蓄水"。角蜥生活在干旱缺水的沙漠里，一旦它们找到了水源，就会把整个身体浸到水里，此时，水就会进入鳞片之间的凹陷处，再从那里的缝隙进入皮肤上的小孔，然后流向头部，在角蜥的嘴角边有一个专门收集水分的小囊，水就蕴藏在那里。如果需要，只要收缩一些下颌部，水就会从小囊里冒出来，很神奇吧。

蓄水囊

"血眼喷人" 不过是虚张声势

看到前面的介绍，你也许会觉得角蜥"血眼喷人"是很厉害的。嘿嘿，这次你可猜错了！其实，"血眼喷人"只不过是虚张声势而已，并没有什么杀伤力。科学家通过研究了解到，角蜥是将身上的血抽至眼球与颅骨间的空隙，然后再"开火"的。但是这股血液无法对敌人造成任何伤害，只能起到恐吓的作用，不过呢，大多数捕食者都会被吓得逃之夭夭，而角蜥就会趁机赶紧躲到安全的地方藏起来。

角蜥从眼睛里喷出血液之后，会不会对它造成伤害呢？这个你就不用担心啦！即使从眼睛里射出血液，也不会对角蜥造成任何伤害。当角蜥受到攻击时，其眼皮上的毛细血管就会破裂，血液就会通过眼角上的小孔喷射出来。这些毛细血管的再生能力很强，破裂之后会马上愈合。

所以，当角蜥从眼睛喷出血液之后，仍然可以正常地生存下去。

色素细胞库

长舌头

变色龙
看我七十二变

　　在非洲的热带雨林里，阳光洒落在林间，各种各样的动物在嬉戏打闹，好不热闹。突然，林间的动物发出了一阵尖叫声，然后四散逃跑，原来是一只巨大的秃鹰在树梢盘旋。秃鹰在上空盘旋一圈，没有发现什么猎物，便飞走了。

　　咦，怎么回事，树上怎么有一对一眨一眨的眼睛？原来，那是一条翠绿的变色龙，只见它土黄色的细尾巴挂在树枝上，身子隐匿在绿叶之间。若不是那一对眼睛"出卖"了它，恐怕谁都看不出来吧！

　　怪不得它能够躲过秃鹰的"火眼金睛"！

顶着"龙"头衔的蜥蜴

可转动 270 度的大眼睛

想偷袭我？没门儿！

变色龙是一种生活在非洲和亚洲热带地区的爬行动物。尽管顶着"龙"的头衔，可它们并不是"龙"哦，事实上，它们是一种蜥蜴，学名叫"避役"，喜欢在树上生活，主要以昆虫、蝎子、蜘蛛为食。

变色龙有一根超过自己身长、像弹簧一样的长舌头，十分灵活。平时这条长长的舌头就藏在它的嘴里，但是只要一有猎物靠近，舌头就会像弹簧一样弹出去，粘住猎物，然后送进嘴里。而这一过程，只需1/25 秒便可以完成，简直是快如疾风、迅如闪电。

除了构造特殊的舌头，变色龙还有一双十分罕见、可以转动270度观察环境的大眼睛，它们的左右眼竟然还可以各自单独活动，一个看前面，一个看后面，方便极了！敌人要是想背后偷袭，八成会以失败告终。

我变！我变！我变变变

虽然变色龙是蜥蜴的一种，但是它的行动速度慢得出奇，根本无法与其他的蜥蜴相比，甚至可以称得上是蜥蜴当中的"蜗牛"。因为行动缓慢，变色龙也懒得走动，即使偶尔走动走动，一分钟也只能迈出两三步。

变色龙行动十分迟缓，因此就有许多食肉动物盯上了它们，对它们虎视眈眈。那么，变色龙是怎么在危机四伏的环境中生存下来的

呢？原来，在躲避天敌方面，变色龙有着自己的绝招——"变色"。

可以毫不夸张地说，变色龙变换身体颜色的能力是所有动物当中最出色的，是动物界有名的"伪装大师"。当它们在水里游动时，全身是绿色的，同水的颜色相近；上岸后，身体又变成了与泥土相仿的褐色；当它们一动不动地隐蔽在树枝上时，皮肤又迅速变得与树皮的颜色一般。变色龙能够熟练地利用"变色"技巧使自己巧妙地伪装起来，与自己周围的环境如泥土、水、树叶、青草等浑然一体，这样一来，它们便躲过了不少灾难。

当然了，变色龙"变色"并不仅仅是为了躲避敌害，它们还会用这种独特的方式进行交流。动物们都有自己的地盘意识，雄性变色龙便会通过变成明亮的颜色，来警告其他变色龙："这是我的地盘！"而当它们想要发动攻击时，体色会变得很暗，表示："我生气了，你接招吧！"雌性变色龙也喜欢通过变色表达自己的感情，如果遇到自己不中意的追求者时，就会将体色变得很暗淡，并且显现出闪动的红色斑点，意思就是："对不起，我不喜欢你，你还是去找别人吧！"

我的本事你可学不来

变色龙之所以能改变自己的肤色，是因为在它们厚厚的真皮里，有一个特定的"色素细胞库"。在这些色素细胞库中，有一种色素细胞，它能使皮肤的颜色变深，也能变浅，同时还能和其他色素细胞组合，调配出多种多样的颜色来。看来，变色龙的本领还真不小呢。

当然了，变色龙也不可以随心所欲，想怎么变就能怎么变。因为它们的变色过程受神经系统的间接控制，而不是如我们想象的那样说变就变，也不会在一个不适合自己栖息的环境里"创造"出一种新的颜色。换句话说，变色龙的颜色都是被动地跟着外界环境改变而改变的。

此外，每条变色龙几乎都有自己独特的"调色板"，它们也无法想变什么颜色就变什么颜色，它们当中有的绝不会变成绿色，有的则永远变不成红色，所以说，每条变色龙都是独一无二的，它的本事别人可是学不来的哦！

这是我的地盘！

表达情感的肤色

我生气了，你接招吧！

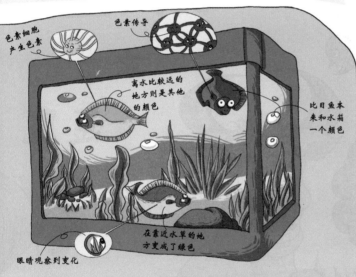

色素细胞产生色素

色素传导

离水比较远的地方则是其他的颜色

比目鱼本来和水箱一个颜色

在靠近水草的地方更成了绿色

眼睛观察到变化

水中的"变色龙"——比目鱼

如果说变色龙是陆地上的"变色"明星，那水里的"变色"明星便是比目鱼了。

比目鱼是生活在海洋里的一种美丽的小鱼，以眼睛长在一侧闻名。在危机四伏的海底世界里，为躲避天敌的进攻，比目鱼练就了一身高超的隐身术。这种隐身术便是比目鱼的肤色能根据环境的变化而迅速改变。科学家们曾做过试验，把水族箱背景染成白、黑、灰、褐、蓝、绿、粉红和黄色的不同区域，发现，比目鱼在通过不同的色彩背景时，能迅速变成同背景一致的颜色。

比目鱼为什么能够快速地变色呢？因为在它的真皮内有大量的色素细胞，每个色素细胞里面又分布着许多细微的色素输送导管。当比目鱼的眼睛观察到周围环境色彩的变化时，它的体内便能产生与环境相一致的色素，通过导管扩散或聚集，魔术般地变化出与环境色彩一模一样的色彩和斑纹。

　　午后，太阳火辣辣地炙烤着大地，南美洲的亚马孙河，由于正是旱季，水位比以往低了很多。一头牛步履蹒跚地来到了河边，它俯下身子开始大口地喝水，看起来像是很久没有喝水了。由于水位很低，它干脆来到了河中央，正当它准备痛饮的时候，突然一个趔趄，倒在了河里，它挣扎了几下，但是没能再起来，像是水下有东西拽着它似的。

　　不一会儿的工夫，河水便被染成了一片红色，而那头牛早已不见了踪影。究竟发生了什么事情呢？

食人鱼

水中恶魔来袭

令人不寒而栗的"水鬼"

原来，那头牛是被河流当中的食人鱼盯上了，它们三下五除二便将落水的牛吃得干干净净。

食人鱼又名食人鲳，是一种栖息在巴西亚马孙河流域中的恐怖鱼类，并且还被列为当地最危险的四种水族生物之首。

据统计，每年在亚马孙河流域中，大约有1200头牛被食人鱼吃掉，另有一些在水中玩耍的孩子和洗衣服的妇女也会时不时地受到它们的攻击。由于食人鱼这种凶残的特点，它们又被称为"水中狼族"或"水鬼"。

听上去好恐怖啊！那食人鱼的个头一定很大吧，要不然，它们怎么能够攻击牛那么大型的动物呢？可惜！要是你亲眼见到了食人鱼，一定会大跌眼镜，因为食人鱼的个头很小，体长只有15～24厘米！成熟的食人鱼雌雄外观相似，它们的身体呈侧扁形，有点儿像鲳鱼，体色非常华美，具有鲜绿色的背部和鲜红色的腹部，体侧有斑纹，长着一对大而圆的眼睛以及大嘴巴、凸嘴唇。其两颚短而有力，下颚突出，有上下两排呈三角形的利齿，你可别小看这些牙齿哦，它们可比钢刀还要锋利呢。

俗话说："人不可貌相。"你可千万别小看这种小而不起眼的鱼类，尽管它们的个头很小，但是凶猛无比，拥有大型野兽的攻击力呢！

没错，我就是吃了熊心豹子胆

你一定十分好奇，食人鱼的个头那么小，它们如何能够杀死比自己大得多的牛？竟然还敢攻击人类？它们是吃了熊心豹子胆了吗？

你猜得没错，食人鱼的胆子的确很大，因此即使遇到比自己大得多的猎物，它们也会毫不犹豫地上前攻击。不仅如此，它们在攻击猎物的时候，还有一套行之有效的"围剿战略"。在猎食的时候，它们会先咬住猎物的致命部位，如眼睛或尾巴，使其失去逃生的能力，然后再成群结队地轮番对猎物进行攻击。别看平时食人鱼游起来慢吞吞的，可是在攻击猎物时的速度却是惊人地快，让人难以置信。

此外，食人鱼的颈部很短小，但是它们的头骨异常坚硬，牙齿也十分锐利，其上下颚的咬合力大得惊人，其力量能够咬穿牛皮甚至硬木板，能把钢制的钓鱼钩一口就咬断。一旦咬住猎物之后，它们便不会松口，然后会不断地扭动身体，将猎物身上的肉给撕下来，食人鱼一口可咬下16立方厘米的肉。

别看鳄鱼在水里称王称霸，但是一旦遇到食人鱼之后，它们便泄气了，会吓得缩成一团，并且迅速将身体翻过来，来一个"肚皮朝天"，即坚硬的背部朝下，软腹朝上，漂浮到水面上。这样一来，即使食人鱼再厉害，面对坚硬的鳄鱼背也无从下口，咬来咬去，就像咬在石头上一样，最后只好悻悻而去。待食人鱼离开之后，死里逃生的鳄鱼便会立即翻转身体，仓皇逃命。

看看吧，连鳄鱼遇到食人鱼之后也只能选择逃避，除此之外便无计可施，其他的鱼类当然就更不是它的对手了。

我们喜欢集体出动

　　虽然食人鱼十分凶悍，但是它们也有弱点，那就是它们的游速不够快，这对于许多鱼类而言，无疑是值得庆幸的一件事。

　　食人鱼游速慢的原因是它们那副铁饼状的体形，为什么长期的进化没有赋予它们一副苗条的流线型身材呢？科学家们认为，食人鱼铁饼状的体形，是它们辨认同伴的一个重要的外观标识，这个标识起到了阻止食人鱼同类相残的作用。

　　除了凶猛的个性外，食人鱼还有一种十分独特的秉性，这就是成群结队地活动，也只有在成群结队时它们才会凶狠无比。一旦发现猎物，它们便如脱弦的利箭，成百上千地蜂拥而上，猎物再大，也毫不在乎。

　　但是，一旦离开了鱼群，食人鱼就会变得胆小无比。有的鱼类爱好者曾将食人鱼养在玻璃缸中，当客人凑近玻璃缸或是主人做了一个突如其来的手势，素有"水鬼"之称的食人鱼竟然吓得缩到了鱼缸的角落里而不敢动弹。看来，平常成群结队时不可一世的食人鱼，一旦离开了群体，就变成了可怜兮兮的胆小鬼啦！

亚马孙河上的惨案

　　1976年12月，一辆长途汽车在亚马孙河下游出了车祸，38人不慎落入食人鱼出没的乌鲁布河内。9个小时后，当地救援人员赶到失事地点时发现，落水者中的大多数人，在食人鱼的尖牙利齿下仅剩下一副副骨架了。

科莫多龙蜥

致命的口水

森林里，一头公鹿正在散步，它的个头看上去要比别的鹿大许多，也强壮得多。当那头公鹿靠近一块深褐色的石块时，那个"石块"竟然动了，原来竟然是一只身形庞大的蜥蜴！它用强有力的尾巴将公鹿扫倒在地，接着张开血盆大口咬住了公鹿的喉咙。在强烈的求生欲望下，公鹿开始不停地挣扎，好在巨蜥咬得不够深，公鹿很快便挣脱了，立马起身迅速逃走，脖子上还残留着巨蜥湿答答、脏兮兮的口水。

三天后，公鹿的尸体静静地躺在一个角落里，到底是谁杀死了公鹿呢？

口水中的细菌

牙齿中的毒腺

我可是蜥蜴王国的"巨人"哦!

外形狰狞的丑八怪

原来，袭击公鹿的动物名叫科莫多龙蜥，是一种巨型蜥蜴。现存的巨蜥有 30 多种，而科莫多龙蜥却是世界上个体最大的巨蜥，体长最长的可达 3 米，重 150 千克，可谓是蜥蜴王国中的"巨人"了。

科莫多龙蜥生活在印度尼西亚的科莫多岛及其邻近的其他群岛中。单从外表上看，科莫多龙蜥十分丑陋：它身体很长，皮肤粗糙，生有许多隆起的疙瘩，浑身呈深褐色的，没有鳞片；它的四肢粗壮有力，善于挖掘洞穴，脚趾上有尖锐的爪子，能够帮助牙齿将食物撕成碎片；它有一条长长的尾巴，几乎等于身体和头部的总长度，尾巴的根部比较粗大，到尾尖逐渐变细了；它的头尤其大，在嘴里长满了锋利而尖锐的牙齿，细长的舌头跟其他的蜥蜴一样，前端有分叉。

科莫多龙蜥喜欢生活在海岸边潮湿的森林地带，而且善于游泳。它是一种肉食性动物，是一个标准的吃货，平均每天能吃掉 6 ～ 8 千克的食物。它也不挑食，鸟类、昆虫乃至大型的哺乳动物等都是它的美味佳肴。有时它们还会到海边去散步，顺便改善一下生活，尝尝海鲜——取食一些被海浪冲上岸的鱼、蟹和软体动物等。

杀伤力巨大的长尾巴

每天清晨，科莫多龙蜥就会从洞穴里爬出来，它并不着急去寻找食物，而是先找到一块光照充足的岩石，躺在上面晒太阳，直到太阳将它的身体晒得暖暖的了，它才会去寻找食物。

科莫多龙蜥虽然是爬行动物，但是行动相当迟缓，那么它是如何捉到野猪、野鹿、羊、猴等行动迅速的动物的呢？原来它采用的捕食方式不是狂奔猛追，而是"守株待兔"。当它探查到猎物的踪迹之后，就会像一尊雕塑似的伪装起来，几小时一动不动地待在一个地方。只是偶尔略微抬起爪子，或者露出分叉的舌头，耐心地等待着猎物向它靠近。

一旦机会成熟，它就会慢慢地向猎物靠拢，直到两者的距离很近了，它便会发动突然袭击，而进攻的武器便是拖在身后的那长长的大尾巴。你可千万别小看那条扁而粗壮的尾巴，它能够像钢鞭一样将猎物扫倒在地，然后科莫多龙蜥便用那尖利的牙齿一口咬住猎物的脖颈，使之毙命。

接着，科莫多龙蜥会将猎物拖到树丛里慢慢享用。要是食物太多，一次吃不完，它也不会浪费，因为它深知食物来之不易，它会将剩余的部分埋在沙土或草里，当下次饿肚子的时候再去吃。

当无法捕获活的猎物时，它们也会进食腐烂的动物尸体。它的舌头上长有敏感的嗅觉器官，所以它们在寻找食物的时候，总是会不停地

我在守株待兔呢，看看哪个倒霉鬼会自动送上门来！

有分叉的舌头

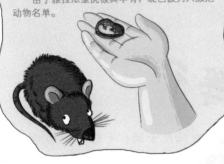

摇头晃脑、吐舌头，别以为它是在做无用功，其实它是在寻找食物呢！靠着灵敏的嗅觉器官，科莫多龙蜥能闻到范围在 1000 米之内的腐肉气味。

生活在科莫多岛上的野鹿、野猪、山羊和各种猴子，一见到科莫多龙蜥便会逃之夭夭，谁会心甘情愿地成为别人的盘中餐呢？

致命的口水

被科莫多龙蜥咬过的动物，即便侥幸逃脱，没有当时毙命，也会在三天内身亡。一开始，人们以为这是因为科莫多龙蜥牙齿肮脏，被咬的动物因细菌侵袭而亡。但后来科学家研究发现，虽然它们的唾液中含有大量细菌，但真正致命的是它们下颚毒腺分泌的毒液。

研究发现，科莫多龙蜥分泌的毒液中含有许多种剧毒成分，其中包括扩张血管、导致血液无法凝固的物质，而这些东西能够导致哺乳动物血压迅速下降，甚至诱发昏迷。

原来，杀死其他动物的不是细菌，而是致命的毒液。

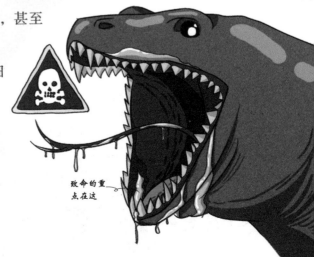

致命的重点在这

鳄鱼

我有足够的耐心 等待

干旱将所有的动物都逼到了绝境，原有的水源陆续干涸，一群口干舌燥的羚羊在草原上漫无目的地走着，这时，走在前面的一只羚羊发现前面不远处有水源，它招呼大家赶快过去。焦渴难耐的羚羊狂奔起来，前面果然有一个水塘，尽管里面的水十分浑浊，但此时已经顾不了那么多了，它们围成一圈开始饮水。

突然水中有了动静，一条巨大的鳄鱼一跃而起，咬住了一只羚羊的脖子，将它拖入了水中，其他的羚羊被突如其来的变故吓得一哄而散，而鳄鱼则开始慢慢享用美味的午餐。

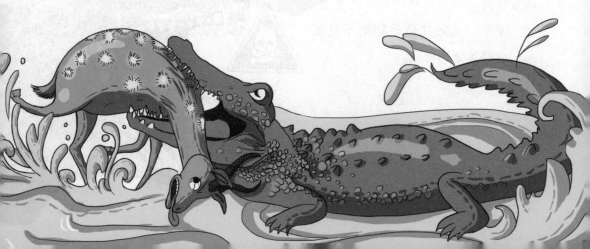

外表凶恶的冷血动物

我才不怕呢，这些牙很快会再长出来！

鳄鱼是现存最大、最危险的爬行动物，也是爬行动物中最高级的一类。现存的鳄鱼有 20 多种，生活在世界各地的热带地区。尽管它们的栖息地不同，大小、习性也不同，但都长着凶恶的外表。

鳄鱼的身躯细长，多为橄榄绿，后背和尾巴上有些深色的十字条纹；皮肤上有大片起保护作用的角质鳞甲。它的腿很短，后脚呈蹼状，粗扁的尾巴很重，起着舵与桨的功能，不仅能够控制方向还能帮助它在水里游动。

鳄鱼的眼睛和鼻孔是向外突出的，微微高出其扁平的头部，这样一来，即使鳄鱼其他的身体部位浸在水中，它也能看见东西，能够呼吸。鳄鱼的耳朵上长有耳瓣，当它把脑袋浸入水中时，耳瓣就会闭上，防止水进入里面。此外，鳄鱼嘴的后部还有一个隔层，能够将空气通道和食道隔离开，这样，即使在水下张开嘴巴，鳄鱼也能够呼吸，而不用担心会窒息。

鳄鱼的颚肌强而有力，牙齿锋利强韧，好似一排排长在嘴里的小匕首，有的鳄鱼即使合上嘴巴，下面的牙齿也是露在外面的。在鳄鱼的一生中，它会有数百颗牙齿——不过这些牙齿并不是同时长出来的。鳄鱼在捕食的时候时常会弄断或丢失牙齿，但是你不用担心，因为新牙很快就会长出来。

不论雌雄，鳄鱼都长有一对麝香腺，在下巴底下，麝香腺能够分泌麝香——一种气味很浓的物质，可以吸引异性。

唉，真可怜啊，跟我同时代的伙伴都变成化石了。

恐龙同时代的伙伴

在人们的心目中，鳄鱼就是"恶鱼"的代名词。一提到鳄鱼，人们就会立刻想到张着血盆大口，露着密布的尖利牙齿，全身披着坚硬的盔甲，时刻准备吃人的神态。的确，鳄鱼总是给人一副凶巴巴的样子。而它之所以会有这副尊容，其实就是为了吃肉，所有的动物包括人都是它的食物，因而再凶猛的动物见了它也只能以守为攻，主动避让，绝不敢轻易招惹它。

说起来，尽管鳄鱼很凶，它跟恐龙可是同时代的动物呢。鳄鱼是迄今为止发现的活着的最早和最原始的动物之一，它是在三叠纪至白垩纪的中生代（约两亿年以前）由两栖类进化而来，延续至今仍是生性凶猛的爬行动物。不管恐龙的灭绝是受到了环境的影响还是自身的原因，但是鳄鱼奇迹般地存活了下来，这就不得不让人佩服其顽强的生命力。

鳄鱼的"眼泪"

鳄鱼的眼泪是一句有名的谚语，专门讽刺那些一面伤害别人、一面装出悲悯善良之态的阴险狡诈之徒。

那么，鳄鱼在吃东西的时候，为什么要流眼泪呢？事实上，那是鳄鱼在将身体里面多余的盐分排出体外，根本就不是因为伤心而流泪。一般生活在海里的鳄鱼，喝进了大量的海水，身体里积聚了不少盐分，于是，它们便利用眼眶中专门处理盐分的器官功能，将身体中多余的盐分浓缩起来，借道眼睛，像泪珠似的流出来。

这下，你该知道鳄鱼为什么会流眼泪了吧？！

没有汗毛孔！

盐

我要出去！

只能这样排出盐了。

没关系，我有足够的耐心

　　鳄鱼是肉食性动物，以昆虫、蛙、蜗牛、鱼、龟、鸟及大型的哺乳动物为食。别看鳄鱼的外貌似乎十分笨拙，实际上它行动起来相当灵活，不仅如此，它还十分狡猾。

　　鳄鱼在捕猎的时候十分耐心，它们会一动不动地潜伏在水里好几个小时，静静地等待最佳的捕猎时机。它们将整个身体藏在水中，只留下眼睛、耳朵和鼻子突出在水面上，远远看去，就像一截漂在水上的枯木。鳄鱼的视觉和听觉都十分敏锐，一旦发现岸边有猎物时，这截"枯木"便会神不知鬼不觉地移向岸边，到了合适的位置，它们便会以迅雷不及掩耳之势扑向猎物，将其咬住并拖入水中淹死。几番挣扎之后，猎物就成了鳄鱼的美食。

　　鳄鱼十分凶残，吃相也相当野蛮。它们吃东西的时候喜欢"狼吞虎咽"，并不把食物嚼碎；如果猎物太大，无法整个吞下，鳄鱼便会咬住并扭转猎物的身体，将其撕碎后再吞下。

我可不是枯木哦～～

　　草原上，一群斑马正在悠闲地吃草。在不远处的草丛里，潜伏着好几只饿狼，它们已经在那里潜伏了整整一天。这时，头狼一声低吼，狼群开始小心翼翼地朝斑马群移动。它们这次的目标是一匹半大的斑马，当它们离目标很近的时候，头狼一声怒吼，一只强壮的公狼以迅雷不及掩耳之势向目标冲了过去。

　　斑马群被突如其来的敌人吓得四散逃命，而那匹早被狼群盯上的斑马，已经处在了狼群的包围圈中，它左突右冲，可是怎么都无法冲出包围圈。经过了20多分钟的追逐，斑马终于筋疲力尽，头狼看准时机，一跃而起，咬住了斑马的脖子，可怜的斑马一命呜呼了！

狼

我们从来都是

靠智慧

取胜

声名狼藉的犬科动物

　　狼早已恶名远扬，一提到狼，人们的第一反应往往是凶残、狡诈、暴虐。自古以来，狼在人们的生活中都是以"狼狈为奸""狼心狗肺""狼子野心""声名狼藉"的形象出现，但真实的狼是什么样的呢？

　　狼是犬科动物的一种，其外形跟狼狗十分相似，但是吻略尖长，嘴巴略微宽阔些。而且它们的耳朵是直立的，不会弯曲，尾巴直挺挺地垂着，不会像狗那样上翘着摇尾巴。狼具有很强的适应能力，不论是山地、林区、草原、荒漠，还是半沙漠乃至冻原，都能见到它们的踪影。它们既耐热又不怕冷，喜欢在夜间出来活动。狼具有灵敏的嗅觉和听觉，非常善于奔跑，经常会用穷追不舍的方式来获得食物。

　　由于生存环境恶劣，狼从来都不挑食，它们主要以鹿类、羚羊、兔等为食，有时候也会吃昆虫、野果等来充饥，甚至还会盗食人类饲养的猪、羊等。狼具有很强的耐饥能力，它们可以连续好多天不吃任何食物，也可以在食物丰盛的时候吃得肚皮滚圆。

超凡的生存智慧

尽管狼的名声十分差，但是我们无法否认，它们具有超凡的生存智慧。

狼是陆地生物最高的食物链终结者之一，它集智慧、机灵、团结于一身。它生存的环境极其残酷，正是如此，才造就了它的残忍与凶猛——否则，它就会像羊一样成为猛兽的美味。或者说，狼是自然界物竞天择留存下来的最善于生存的动物之一。

狼总是成群结队地在一起生活，一群狼的数量在 6 到 12 只之间，在冬天寒冷的时候最多可到 50 只以上。每个狼群都有一只具有统治力的公狼作为领袖，这只狼称为头狼。头狼必须有足够的能力来维持狼群的秩序，还必须能够领导狼群进行捕猎活动。作为领袖，自然有作为领袖的特权，那就是头狼总是能优先享用猎物。狼群的其他成员包括头狼的配偶、它的幼崽，以及头狼的兄弟姐妹。每当狼群成员遇见头狼时，它们会使用身体语言向头狼表示尊敬，具体动作是俯下身子，耷拉下耳朵，垂下尾巴。大概意思是说："您是我们的头儿！"

每个狼群都有自己的领地，通常会以嚎叫声向其他群体宣告领地范围，它们不会轻易到其他狼群的领地去活动。

狼的智商颇高，它们能够通过叫声、气味来互相沟通，有时候，它们所表现出来的智慧，让人十分钦佩。

好帅啊！

头儿，您好！

狼的骗人花招

当狼步行或者一路小跑的时候，它的右后脚总是丝毫不差地踩在左前脚的脚印里，左后脚也总是踩在右前脚的脚印里。因此，它的脚印是一条长长的直线。在雪地里，狼的脚印十分明显，好似有一条绳子绷在那儿，如同顺着绳子跑似的。

当你在雪地里看到一行这样的脚印的时候，你会怎么想呢？你或许会这样认为：一只身强体壮的狼从这里走过去了。

你若是这样想的话可就大错特错了。正确的应该是：有五只狼从这里走过去了。走在最前面的是一只机敏的母狼，后面跟着一只老公狼，最后面跟着的是三只小狼。

什么？有五只狼，可是为什么只有一行脚印呢？

狼群的团队精神

狼是一种非常注重团队协作的动物。当确定了攻击的目标之后，它们就会群起而攻之。但是，在头狼发号施令之前，它们并不会轻举妄动。一旦头狼发出了进攻的信号，主攻者便会奋勇向前，佯攻者则会避实就虚，助攻者在一边伺机而动，那些后备队员则会用尖声嚎叫来壮大声势。

在雪天出外觅食时，它们一般都会排成一列，一只挨着一只行进。头狼消耗的体力最大，作为开路先锋，它需要在松软的雪地上率先开出一条小路来，以便让其他的狼保存体力。当它累了，便会让到一边，让紧跟在身后的那只狼接替它的位置。这样它就可以跟在队尾休息一下，养精蓄锐，以便迎接新的挑战。

当狼群一起出行的时候，走在后面的狼总是能够准确无误地把脚踩在前者留下的脚印上，而且踩得丝毫不差。普通人看到了，绝对不会想到这是五只狼的脚印，只有经验丰富的猎人，才能从上面看出蛛丝马迹来。

狼简直是太聪明了，竟然懂得利用脚印来伪装。

乌鸦

能借力的时候绝不会蛮干

一只乌鸦盘旋在高速公路上空，嘴里还叼着一个核桃。

突然，乌鸦一个俯冲，落到了公路上，"啪"的一声，核桃掉在了柏油路上，而乌鸦却拍打着翅膀飞走了。它落在了路边的树上，还不断地朝四处张望，好像在寻找什么似的。

这时，一辆汽车飞驰而过，车轮从核桃上碾过，将核桃碾得粉碎。待汽车走远之后，乌鸦落在了核桃边上，开始大口地啄食核桃仁。

天哪！乌鸦竟然如此聪明，懂得利用汽车来取食核桃仁！

我们错怪了乌鸦

乌鸦通体漆黑、相貌丑陋，长期以来，在人类眼里的形象都十分不佳。在许多地方，人们甚至把乌鸦视为"丧气鸟""不祥之鸟"。如果乌鸦从院子上空鸣叫着飞过，人们便会被"乌鸦叫，祸来到"的俗语搞得惊慌失措。

唉，我真是比窦娥还冤啊！

乌鸦之所以会如此招人嫌，一来是它的长相十分难看，二来是它的叫声十分难听。人们经常说的是"天下乌鸦一般黑"，黑色在很多人眼里是不吉利的。至于它的叫声，无非是说，乌鸦一叫，就要死人了。事情的真相是，乌鸦生性爱吃腐肉，人临死的时候，会散发出一种异味，乌鸦的嗅觉十分灵敏，闻到后，就会发出惊喜的叫声。

乌鸦可以说是蒙受了"千古奇冤"！乌鸦属杂食性鸟类，食性非常广泛，金龟甲、蝗虫、蝼蛄等是它的家常便饭。因为它还喜食动物的腐尸、蛆虫，所以对净化环境起着十分重要的作用，堪称大自然中称职的"清道夫"和"清洁工"。

乌鸦是世界上最聪明的鸟类哦

　　尽管乌鸦被视为不祥之物，但是这并不妨碍它们占据"智慧排行榜"的首席之位——乌鸦是世界上最聪明的鸟儿。

　　乌鸦喝水的故事想必你已经知道了。一只乌鸦口渴了到处找水喝，发现一个瓶子里有水，可是水太少瓶口又小。怎么办呢？聪明的乌鸦发现旁边有许多小石子，就把小石子衔起来放进瓶子里，瓶子里的水慢慢升高，乌鸦就喝着水了。

　　乌鸦的智慧可不仅限于喝水这么简单。

　　很多鸟儿都喜欢吃种子，乌鸦也不例外，但它们有独特之处。乌鸦并不会一次把所有的种子都吃光，它们在每个地方都只吃一小部分，留下大部分来发芽生长，以使它们来年更好地为自己服务。看来，乌鸦并不贪婪，而且还颇有"可持续发展"的意识呢！

　　乌鸦很喜欢吃鸟蛋，但鸟蛋不是那么容易就能得到的。它们必须要战胜其他鸟类的母鸟才能从窝里抢走鸟蛋，而守护家园的母鸟可不是那么好对付的，它们不但体格健壮，而且凶猛异常。因此，乌鸦很少会强攻，它们会采用智取的方式——先是不断地干扰母鸟，分散其注意力，设法让其短暂离开鸟窝，然后以最快的速度叼走鸟蛋。

真聪明，这样就能喝到水了！

借力使力才能不费力

众所周知，鸟儿能够用树枝搭建起精美的鸟窝，而乌鸦在使用工具方面更胜一筹。

乌鸦喜欢吃那些钻到树缝里的肥虫子，但是树缝太小，它们的嘴根本无法塞进去，那怎么办呢？别着急，它们会用树枝去挑，当缝隙太小时，它们还会用嘴把树枝削尖，然后将虫子"扎"出来。看吧，乌鸦不但会使用工具，而且还用得很娴熟呢！

不过，最让人叫绝的还是乌鸦吃坚果了。它们无法像猴子那样用石块将坚果砸碎，但是它们懂得另辟蹊径。它们会叼起坚果，然后飞到高空中，再将坚果摔下去。有时候坚果太硬了，根本就摔不开，这点儿小事也难不倒乌鸦，它们不会就此放弃，而是会叼着坚果飞到马路上，将坚果丢下去，让过往的车辆将坚果碾碎。等没车的时候，它们便会迅速地落下去，啄食果壳里的果肉。

乌鸦"借助他人之力"的智慧，真是高明至极啊。

乌鸦反哺

很多人觉得碰见乌鸦是不吉利的，但是它们身上其实拥有一种值得人们称道的美德——养老、敬老。小乌鸦刚生下来的时候，大乌鸦会精心抚养它；等到母亲年老体衰，飞不动、无法寻觅食物的时候，它的子女就会四处寻找可口的食物，衔回来嘴对嘴地喂到母亲的口中，回报母亲的养育之恩，并且从不感到厌烦，一直到老乌鸦临终，再也吃不下东西为止。这就是人们常说的"乌鸦反哺"。

动物园里，一只黑猩猩正在树上晒太阳，它看见一名工作人员拿着一大串香蕉过来了，它兴奋地跳下了树，准备大快朵颐。可是工作人员却走到了角落，把香蕉放在了一个木箱里。这时，一群伙伴走了过来，邀请它一起玩耍，它装作若无其事的样子跟伙伴们玩了起来。

到了晚上，等其他的同伴们都睡着了，那只黑猩猩却悄悄起身，蹑手蹑脚地来到了那个木箱旁，把香蕉吃了个精光。

天啊，这只黑猩猩未免也太精明了吧？！

黑猩猩

我的聪明超过你的想象

我们可是人类的近亲哦

咳，这黑猩猩可真聪明啊！

人脑

黑腥腥的大脑

别看黑猩猩浑身上下黑乎乎的，长得也挺难看的，它可是人类的近亲呢！它们是与人类血缘最近的动物，也是除人类外智力水平最高的动物。

说起来，黑猩猩的许多习惯与人十分相似。生活在野外的黑猩猩能够熟练地用"手"，也就是它的前肢去使用工具。它们钓白蚁的技术相当高明：先准备好树枝，并进行简单的修整，当它们找到蚁穴后，就会把树枝捅入洞内。此时，白蚁以为是有外敌入侵，就会用颚死死咬住枝条，哪知这正中了黑猩猩的圈套。当黑猩猩估计有许多白蚁上当时，就会把枝条从蚁穴中拔出，放在嘴里，把上面的白蚁一个不落地舔干净，然后再继续钓。

不仅如此，它们还能表现出高兴的、生气的、悲伤的各种表情。当它们见面时会大声地喊叫，以表示互相"问好"。如果某只黑猩猩生气发脾气了，别的黑猩猩还知道把手搭在这只黑猩猩的肩上，劝它平静下来，不要发火。

经过人工驯养的黑猩猩，还能学会一些简单的动作，如用餐具吃饭，用铲子挖土，用棍棒打击危害它的来犯者。法国动物园有一只名叫"亨利"的黑猩猩，甚至能开着摩托车把前来游玩的客人平安无事地从动物园送到旅馆去休息呢！

我们也是会思考的

美国的两位科学家曾对四只捕获不久的非洲黑猩猩做了一次"智力"测验。

在一间屋子里，将四只黑猩猩用铁丝网相互隔开，在另一角放置了两只完全相同的箱子，参加测验的人分别扮演"友好者"和"欺骗者"。开始时，几个"欺骗者"从箱子里取出香蕉当着黑猩猩的面津津有味地吃起来，几个"友好者"却从箱子里取出香蕉给黑猩猩吃，然后让黑猩猩分别给人们指出哪只箱子里有香蕉。黑猩猩对那些"欺骗者"指的全是空箱子，也使用了欺骗手段。而对那些"友好者"指的却全是有香蕉的箱子，表示友好和信任。

后来，科学家又进行了另一个实验：不让黑猩猩知道哪个箱子里有香蕉，"欺骗者"指的是空箱子，黑猩猩上当；"友好者"指的是有香蕉的箱子，黑猩猩吃到了香蕉。有两只黑猩猩很快就知道该信任谁了。它俩对"欺骗者"的指点，先是不理不睬，过了一会儿，它俩就懂得，"欺骗者"指这只箱子，就奔向另一只箱子去取香蕉。

哼，又想骗我？没门儿！

看来，黑猩猩不但懂得使用工具，而且还能够进行思考，辨别出信任和不信任这样复杂的关系呢。

生病了自己找药吃

生活在野外的黑猩猩，当它们感到身体不舒服的时候，还知道自己找药吃呢，不仅如此，它们还知道 30 多种草药的疗效呢。

黑猩猩经常会吃一种名叫阿斯彼利阿的叶子，因为这种叶子能够有效地杀死它们体内的寄生虫。阿斯彼利阿的叶子表面比较粗糙，边缘长着很多尖利的细毛，味道非常苦，也没有什么营养，但是黑猩猩知道这种叶子对身体有好处，因此会毫不犹豫地把它们吞下去。

黑猩猩在吃阿斯彼利阿叶子的时候从来都不嚼，为的是不破坏阿斯彼利阿叶子边缘的细毛，也许它们很早就已经知道阿斯彼利阿叶子上的细毛能够帮助它们清除寄生在肠壁上的寄生虫，所以它们会在每次吞食的时候，将叶子卷成球形一口咽下去。

吃下去的阿斯彼利阿叶子并不会被消化，而是会保持原来的样子被排出体外，但是其中的有效成分已经被身体给吸收了。

天啊，黑猩猩原来这么聪明，它们的智慧完全超出了我们的想象！

吃点儿"药"，清理一下寄生虫吧！

黑猩猩的家族制度

黑猩猩是迄今为止发现的与人类相似度最高的动物，它们几乎拥有人类的所有情绪，而且其生活方式也与人类相似——聚族而居，有着明确的阶级观念和家庭归属。一般来说，族中最强壮的雄性黑猩猩就是这个家族的首领，其他所有黑猩猩不论成年还是幼崽都围绕在它的身边，以表示尊敬，服从它的指挥。它会带领其他成员捍卫领地，繁衍生息。

在黑猩猩的家族当中，存在着一个"潜规则"，那就是——无论怎么样，如果成年的黑猩猩欺负小猩猩，必然引起其他猩猩们的愤怒。而且，小黑猩猩们的屁股上有一撮白毛，它们以此来提示其他的猩猩们——我需要呵护。

你太不仗义了，居然欺负小猩猩。

聪明伶俐稀奇古怪的小测验

1. 天降"甘露"，实际上就是蚜虫 _____ 了!

① 出汗　　② 吐痰　　③ 流血　　④ 撒尿

2. 拳击蟹的手套是 _____。

① 橡胶　　② 珊瑚　　③ 海葵　　④ 乌贼

3. 把海星切成 4 块后，_____。

① 海星死了　　② 有体盘的部分活了　　③ 变成 4 个海星　　④ 海星不见了

4. _____ 经过 2 ~ 4 个月的休养生息，就会重新生长出一套全新的内脏来。

① 海马　　② 海参　　③ 竹节虫　　④ 角蜥

5. 刺豚在 _____ 的时候，会像刺猬那样把硬刺都给竖起来。

① 寻觅配偶　　② 进食　　③ 生气　　④ 遇到危险

6. 鳄鱼流眼泪，是因为 ____。

① 要排出体内的盐分　　② 太伤心了　　③ 要装成好人　　④ 心情不好

7. 科莫多龙蜥最致命的是 ____。

① 锋利的牙齿　　② 唾液里的细菌　　③ 粗壮的尾巴　　④ 下颚毒腺分泌的毒液

8. ____ 是与人类血缘最近的动物，也是除人类外智力水平最高的动物。

① 猴子　　② 黑猩猩　　③ 类人猿　　④ 海豚

9. 蚂蚁饲养蚜虫，是为了 ____。

① 吃蚜虫的排泄物　　② 吃蚜虫的肉　　③ 吃蚜虫的幼虫　　④ 排遣寂寞

10. 竹节虫产卵之后，把卵 ____。

① 藏起来　　② 放到寄生虫体内　　③ 放到树叶里　　④ 随意地洒在地上

答案：1.④ 2.③ 3.③ 4.② 5.④ 6.① 7.④ 8.② 9.① 10.④